BÄRBEL SCHÄFER

Eine Herde Schafe, ein Paar Gummistiefel und ein anderer Blick aufs Leben

Von der Landlust einer Stadtfrau

Endlich mal wieder raus aus dem Büro, in der Natur sein, mit den Händen arbeiten: Diese Sehnsucht kennen viele, auch Bärbel Schäfer. Und so beschließt sie, einen Selbstversuch zu wagen.

Ein Jahr lang begleitet sie einen Schäfer bei seiner Arbeit, um selbst herauszufinden, was Hirten im jahrtausendelangen Miteinander von Natur, Tier und Mensch gelernt haben. Und dabei lernt sie nicht nur eine Menge über Schafe, sondern auch für das eigene Leben.

BÄRBEL SCHÄFER

Eine Herde Schafe, ein Paar Gummistiefel und ein anderer Blick aufs Leben

Die Ereignisse in diesem Buch sind größtenteils so geschehen, wie hier wiedergegeben. Für den dramatischen Effekt und aus Gründen des Personenschutzes sind jedoch einige Namen und Ereignisse so verfremdet worden, dass die darin handelnden Personen nicht erkennbar sind.

MIX
Papier | Fördert
gute Waldnutzung
FSC
www.fsc.org   FSC® C014496

Penguin Random House Verlagsgruppe FSC® N001967

Copyright © 2023 Kösel-Verlag, München,
in der Penguin Random House Verlagsgruppe GmbH,
Neumarkter Str. 28, 81673 München
Umschlaggestaltung: zero-media.net, München
Umschlagmotive: Nicci Kuhn Photography; FinePic®, München
Fotos innen: Nicci Kuhn Photography
Schaf-Illustrationen: czibo/stock.adobe.com
Satz: Uhl + Massopust, Aalen
Druck und Bindung: GGP Media GmbH, Pößneck
Printed in Germany
ISBN 978-3-466-37296-6

www.koesel.de

Inhalt

Frühling

Sommer

Herbst

Winter

Für M. und S. und O.

Prolog

Der letzte Haken schließt den Pferch. Geschafft. Meine Finger sind steif vor Kälte. Alle Schafe und die wenigen Ziegen stehen dicht gedrängt zusammen. Der Wind pfeift uns um die Ohren und meine Oberarme schmerzen, weil wir zuvor noch die schweren Batterieblöcke über die Wiese geschleppt haben. Die brauchen wir, damit Strom durch den Draht fließt, wenn wir die Weide verlassen. Damit die Herde sicher ist. Ich lehne mich auf den Zaun und warte. Der Morgentau liegt noch selbstbewusst auf den Grashalmen, meine Atemwolken tanzen über den Köpfen der Schafe. Ich entspanne mich, spüre die schwere Erde unter meinen Füßen.

Den Pferch haben wir heute aus alten Holzgattern gebaut, gemischt mit neuen Elementen aus Metallgittern. Die Gatter lagen auf dem Anhänger, ehrlich gesagt haben sie nicht mehr alle Latten korrekt am Zaun. Doch der Schäfer wollte sie noch mal benutzen, obwohl die Witterung und die Jahre sie an den Kanten haben splittern und morsch werden lassen. Ich lehne vorsichtshalber lieber an einem der neuen Stahlgitter und lasse den Blick über die Tiere schweifen. Reibe meine behandschuhten Hände aneinander. Atme einen Hauch Wärme in die dünnen Fingerlinge.

Warten habe ich gelernt in den letzten Monaten. Nicht drängeln, nichts dazwischenrufen, es hat seinen Grund, wenn etwas länger dauert. Langsam fühle ich mich sicherer im Umgang mit der Herde. Der Schäfer bückt sich noch immer tief über den Batterieblock. Der schneidende Wind zerrt an den ausgeleierten T-Shirts und Socken am Zaun, die Wildtiere abschrecken sollen. Doch dann, plötzlich: Ohne Vorwarnung bricht Hektik aus. Die Herde wird auf der eng zusammengedrängten Fläche von einer Sekunde auf die andere unruhig. Die Schafe heben ihre Köpfe, recken die Hälse, wollen sich Platz verschaffen, einige bäumen sich auf. Ich versuche zu verstehen, was hier gerade passiert. Ist eine Nutria aus dem benachbarten Bach über die Weide geschossen und zwischen die Beine der Tiere gehuscht? Nichts dergleichen. Ich versuche die Tiere mit meiner Stimme zu beruhigen, einzelne Schafe zu streicheln, und gehe einige Meter um die Absperrungen herum. Das Holzgatter spannt sich gefährlich, wenn die Herde so unruhig bleibt, wird es dem Druck nicht standhalten.

Ich entdecke einen Spalt zwischen den Holzplanken und dem Metallgatter. Auch eines der Schafe hat ihn entdeckt. Es drückt dagegen und mäht so laut, als wollte es den anderen davon berichten. Die Atmung des Tieres geht schnell. Hinter ihm schiebt sich mit ganzer Körperkraft ein zweites Schaf gegen die Holzlatten. Alle wollen plötzlich raus. Das erste Tier quetscht sich durch den Spalt und der Rest der Truppe versucht ihm zu folgen. Bocksprünge und Herdentrieb. Der Druck, der vereinte Wille der Herde wird so stark, dass ich als einzelnes Gegenüber machtlos bin. Sie entwickelt eine solche Dynamik und Kraft, dass innerhalb von wenigen Sekunden drei große Elemente des Zauns zerborsten vor mir liegen. Ich versuche mit weit ausgestreckten Armen die Herde zurückzudrängen, keine Chance. Meine Arbeit von einer Stunde ist innerhalb von Sekunden dahin. Wie ein wolliger Tsunami fegen, drücken, drängeln alle Schafe an mir vorbei, als stünde der Boden des Pferchs unter Strom. Keines bleibt im Rondell zurück.

Ich sammele die zerbrochenen Latten ein und werfe sie auf einen Haufen, achte auf rostige Nägel im morschen Holz. Jetzt muss ich den Pferch erneut aufbauen. Wir können die Weide erst verlassen, wenn die Arbeit getan ist. Werden die Schafe auf uns hören, wenn wir sie wieder dort versammeln wollen, um endlich ihre Klauen zu kontrollieren? Auf die Uhr schaue ich nicht mehr. Zeit ist relativ. Aufgewühlt stehen die Tiere einige Meter entfernt auf der Weide. Nach und nach beginnen sie in kleinen Grüppchen zu grasen.

Was war das für eine Aktion? Der Schäfer dreht sich um, schüttelt stumm den Kopf. So viele Monate bin ich nun schon dabei, ich dachte ich könnte es besser. Die Tiere und die Natur fordern mich immer wieder neu heraus. Aber ich wollte es ja nicht anders …

Zurück zur Natur

ODER WIE ICH AUFS SCHAF KAM

Liebe Leser und Leserinnen, naturnahe Landbewohner*innen und betonerfahrene Stadtbewohner*innen. Ich mag das Draußensein. War mal ein frischluftgefülltes Deichkind, Wattkind und Matschkind. Ich stromerte stundenlang über Wiesen, stand mit Gummistiefeln in Bächen, um Stichlinge zu keschern, hämmerte Baumhäuser zusammen, zog Steckrüben mit den Bauern und verfolgte schleimige Spuren im feuchten Gras, um den Schnecken ein neues Zuhause auf dem Balkon unserer Dreizimmerwohnung im ersten Stock eines Mehrfamilienhauses einzurichten. Ich war ein Vorortkind.

Unbestritten – das ist sehr lange her.

Dann kamen Jahre in Klassenzimmern, Umzüge in verdichtete Innenstädte, Hörsäle, Redaktionsräume. Konstant umhüllten mich Wände von WGs, Büros oder TV-Studios. Ich parkte in Tiefgaragen, trainierte in Fitnessstudios und erholte mich zu Hause in meinen vier Wänden. Wenig Draußensein. Kaum Zeit, Wolken zu betrachten, für Vogelschwärme oder blühende Wiesen.

Stattdessen war ich umgeben von meterlangen mehrfarbigen Kabelrollen, unterarmdicken Ladekabeln und Ü-Wagen-Technik. In all den On-air-Jahren meiner täglichen Talkshow und während des Aufbaus meiner Produktionsfirma hätte ich bestimmt nicht ein einziges Mal frischen Sauerstoff in die Lungenflügel bekommen, wäre da nicht Arni gewesen, meine flatulenzfreudige, fawnfarbige französische Bulldogge.

Zugegeben, Arni war alles andere als ein feingliedriger, langbeiniger Langstreckenläufer. Mehr der Typ Couch-Potato. Gemütlich eben. Wollte man selbst den entspanntesten Platz auf dem Sofa einnehmen, musste man erst den Hund vertreiben. Aber auch der kurzbeinigste Dauerschläfer muss Gassigehen. Ohne Arni hätte sich mein Leben ausschließlich zwischen Wohnung-Studio-Hotel-Produktionshallen-Redaktionskonferenzen-Wohnung-Studio-Hotel abgespielt.

Ich wusste kaum noch, wie sich Jahreszeiten anfühlen und konnte eine Distel nicht von einem Löwenzahn unterscheiden. Das sollte Jahrzehnte so bleiben. Die Natur und ich, wir entfernten uns, wurden uns fremd und fremder, bis wir uns aus den Augen verloren. Uns sogar nicht einmal mehr vermissten.

Ich schwamm zufrieden in Hallenbädern, nicht mehr im See. Keine grünen Schlingpflanzen, kein modriger Untergrund. Naturvermeidungsstrategie. Mir fehlte nichts, noch nicht. Mit viel zu PS-lastigen allradangetriebenen Autos habe ich Parkplätze in der Innenstadt gesucht, wie andere beim Rubbellos den Hauptgewinn. War kaum mit dem Rad unterwegs. Benutzte einen Regenschirm beim ersten Tröpfeln und sprang zum Schutz vor dem feuchten Frisur-Zerstörer schneller in einen Hauseingang als Ex-Prinz Harry nach der Eheschließung Schloss Windsor verlassen hat.

So verpasste ich viel. Das Glück, auf einer Wiese zu liegen und tief einzuatmen, das Summen der Insekten im Ohr, den Duft von Wildblumen. Mein Gesicht in das regennasse Prasseln zu halten. Statt Sonnentage im hessischen Umland zu genießen, flog ich Langstrecke, um in fernen Ländern in der Sonne zu liegen. Ich wollte mir die Schuhe nicht versauen, lief nicht mehr durch den matschigen, herbstfeuchten Wald. Ein naturnaher Alltag und mein tatsächliches Leben waren so weit voneinander entfernt wie Elon Musk und die Sorge um den Sozialversicherungsschutz seiner Mitarbeitenden.

Eigentlich genoss ich Natur nur noch beim Kochen, der Spinat sollte dann doch Bio sein. Über das Leben auf dem Land machte ich mir wenig Gedanken. Mein Biotop war die Innenstadt. 24/7 Tankstelle. Energydrinks. Urban. Altbau, Fahrstuhl, dritter Stock mit Balkon und WLAN. Kein Garten, kein Hochbeet, kein Rasenmäher in der Garage, keine Gummistiefel im Schrank. Ich weiß, wie man online seinen Lieblingstisch im Restaurant bestellt, seinen Insta-Feed pflegt. Zu »Wolken« fällt mir als Erstes die Speicherkapazität meiner Cloud ein. Sonntags bewege ich die Regler an meinem Hörfunkstudiopult, das aussieht, als könnte ich damit problemlos ein Kleinflugzeug starten. Ich treffe Musiker*innen, Schauspieler*innen und Autor*innen für meine zahlreichen Interviews, oft online, mittels Zoom oder Teams. Das Leben ist immer technischer, immer digitaler geworden.

Und dann kam dieser Dezembermorgen. Es begann mit einer letzten Warnung, bevor wir getrennt wurden. Ursache: niedriger Batteriestatus. Einen halben Satz noch gesprochen, dann Funkstille. Mein Telefon gab energielos auf und mein Ladekabel lag zu Hause. Ein schwarzes Display. Mein geliebtes Schaf: verschwunden. Das Schaf ist mein Hintergrundbild, der Fotograf Walter Schels hat es 1984 aufgenommen, das war mein Abiturjahr in Bremen. Das Schaf blickt offen und unverstellt ins Objektiv, es wirkt wie eine Erinnerung aus einer anderen Zeit. Diese Fotografie begleitet mich seit Jahren. Das Schaf will nicht gefallen. Es schaut mich an, wenn ich den Geheimcode eingebe, wenn ich auf dem Handy nach der Uhrzeit schaue. Ein stiller Alltagszeuge und Wegbegleiter. Der eindringliche, wissende Blick des Tieres beruhigt mich, beschützt mich. Es ist ein zauberhaftes Rätsel, eine Erinnerung, dieses Tier.

Schafe faszinieren mich seit frühester Kindheit. Sie sind mir auf vielen Spaziergängen mit meinen Großeltern in der Lüneburger Heide begegnet. Wir waren Wochenendspaziergänger, und in der Wacholderheide kam uns oft ein Schäfer mit seiner großen Herde entgegen. Durch alle Jahreszeiten liefen sie über sandige Wanderwege und saftige Wiesen. Vielleicht fünfhundert, sechshundert Tiere hatte er bei sich. Die Hunde trieben die Herde unter Gebell manchmal auch in unsere Richtung. Auf diesen Augenblick wartete ich bei jedem Ausflug sehnsüchtig: dass sich die Wege der Herde und die unserer Familie wieder kreuzten.

Manchmal hatte ich Glück, dann kribbelte in mir die aufgeregte Vorfreude. Die winzigen Glöckchen der Schafe bimmelten, die Hunde wendeten ihren Blick kaum vom Schäfer ab. Dieser ging beständig voran. Gab ihnen versteckte Zeichen, schnalzte. Er vertraute den Hunden, die mal den Abschluss bildeten und mal die Seiten flankierten. Ab und zu ein kurzer Befehl, ein Schulterblick. Kein Lehrer hatte unsere Klasse so im Griff. Die Tiere waren wie ein kraftvoller Schwarm, der zusammenhielt und ständig die Form veränderte. Mal breiter, mal schmaler wurde, an den Rändern ausfranste, dann wieder wie ein längliches dünnes Rinnsal wirkte. Sie kamen auf uns zu wie eine riesige Welle aus Wolle.

In den Sommermonaten kündigte eine Staubwolke ihr Kommen an. Dann bremste der Schäfer das Tempo der Herde ein wenig ab, nur durch ein leichtes Anheben des Arms. Meine Großmutter nahm mich fest an die Hand. Wir standen ganz still seitlich des Wanderwegs. Der Schäfer grüßte freundlich und ging an uns vorbei. Einige Tiere fraßen noch schnell im Gehen etwas vom Wegrand, rupften hastig an herabhängenden Ästen. Und wie das Wasser im Fluss einen Stein umschließt, stand ich mit meiner Oma plötzlich mitten in der Herde. Die Heidschnucken umspülten uns. Sie berührten uns nicht, schauten höchstens kurz hoch und liefen weiter. Ich streckte die Hand aus und ließ sie über die Schafsrücken gleiten. Zu kurz mein Glück. Ich wollte mehr davon.

Unsere Route führte über endlose Wiesenwege und auch an den reetgedeckten, geklinkerten Höfen der Schäfereien vorbei. Die Schafe dort verfolgten uns mit Blicken, wir sahen uns an. Die Schafe auf der Weide und wir, die Sonntagsspaziergänger auf der anderen Seite des Zauns. Oft lagen die Tiere satt im Gras oder dösten im Schatten eines Baumes. Doch sie konnten sich auch ruckartig in eine vierbeinige Panikattacke verwandeln. Ohne erkennbaren Grund waren sie durch etwas gewarnt worden und stoben auf, vollführten Bocksprünge, bei denen selbst Fabian Hambüchen neidisch würde. Alle rannten in eine Richtung, gezogen von einem unsichtbaren Band.

Als wir auf einem dieser Sonntagsspaziergänge wieder an einem Gehöft vorbeikamen, unterhielten meine Großeltern sich mit dem Schäfer, der dort gerade Heu zusammenfegte. Er schaute auf und sprach mit ihnen, als wenn es nichts Wichtigeres auf der Welt gäbe als sich jetzt auf diese Städter zu konzentrieren. Sie lachten miteinander. Mein Opa wedelte mit den abgewinkelten Armen, als ob er abheben wollte. Erzählte von Hühnern im Garten seiner Kindheit, den damals üblichen Hausschlachtungen und deutete auf mich. Fragte, ob seine Enkelin ein Schaf aus der Nähe betrachten dürfte. Der Schäfer nickte mir freundlich zu und wir folgten ihm in den Stall.

Meine Augen brauchten einige Sekunden, um sich an das dämmrige Licht zu gewöhnen. Drinnen ruhten Mutterschafe mit ihren neugeborenen Lämmern. Es war angenehm warm und ganz still, wie in einer kuscheligen Höhle, die Außenwelt wie abgeschnitten. Friedlich wirkte es im Stall. Ich beugte mich langsam herunter, beobachtete die Tiere. Auf diesen wenigen Quadratmetern drehte sich alles nur um die Lämmchen. Planet Schaf. Die ersten wackeligen Schritte auf dem Weg ins Leben, Vorbereitung auf das

Grünland. Durch die verstaubten Fenster fiel Sonnenlicht auf das plattgelegene Stroh. Ich kniete bei einem Lämmchen und schaute zu, wie es auf seinen dünnen Beinchen gierig trank. Stunden hätte ich so sitzen können, doch mein Opa stupste mich an die Schulter.

Diese behütete Szene trage ich seither in mir. Ich glaube, es war an diesem Nachmittag, dass ich die Schafe tief in mein Herz schloss. Vielleicht gibt es klügere Tiere als Schafe, zum Beispiel Orang-Utans oder Raben. Aber Schafe erobern die Herzen mit ihrem Blick, ihrer Sanftheit und schüchternen Wärme.

Unerschütterlich versuchte ich weiterhin freilaufende Schafe auf Nordseedeichen zu streicheln, aber die liefen immer wieder weg. Nicht nur vor mir, auch vor meinem Bruder und unseren Cousinen. Irgendwann nahmen wir Kinder es fast persönlich, doch selbst das geduldigste Schaf hat nicht immer Interesse daran, von Touristen am Hintern oder zwischen den Ohren getätschelt zu werden. Wir brauchten also einen Schafeplan. Wir atmeten tief durch und überlegten. Vielleicht könnten wir sie mit unseren legendären Deichrollen neugierig machen und anlocken? Wir legten uns ausgestreckt an den oberen Deichrand, einer packte die Füße des anderen und dann ging es deichabwärts. Nur nicht loslassen. Wir trugen weiße Shirts, rollten uns absichtlich über die Schafskötelhaufen. Hofften, dass uns die Herde mit dieser perfekten Tarnung akzeptieren würde. Olfaktorisch und farblich stimmte alles, nur die abschreckende Wirkung unseres aufrechten Gangs hatten wir unterschätzt.

Nach der strengen Standpauke meiner Mutter in der nahegelegenen Ferienpension begruben wir in diesen Sommerferien dann unseren Traum, einmal ein Schaf fest zu knuddeln. Wir packten die Koffer und bald hatte die Schule uns wieder im Griff.

Die Jahre vergingen und ich rollte keine Deiche mehr hinab. Nach dem Abitur arbeitete ich in den Sommerferien auf der Nordseeinsel Norderney und fuhr mit dem Hollandrad über die Deichrücken, durchquerte dabei die Weiden der frei laufenden wolligen

Inselschafe. Mit meiner ersten eigenen Polaroidkamera fotografierte ich die Schafe in den weitläufigen Salzwiesen. Sie schauten mal ängstlich, gelangweilt oder abwartend. Aus der Distanz behielten sie mich im Auge.

Ihre Ruhe fasziniert mich bis heute, weil zu meiner Persönlichkeit auch immer wieder aufflammende Hektik, Nervosität oder überbordende Energie gehören. Schafe chillen. Ich leider zu selten. Und wenn Schafe nicht chillen, fressen sie. Wenn Schafe weder chillen noch fressen, folgen sie dem Schäfer. In der Nähe dieser Tiere fährt mein Puls regelmäßig runter. Schafe anzuschauen, entspannt. Definitiv.

An jenem Dezembertag, als mein Handy mich so sträflich im Stich gelassen hat und ich mit leerem Akku im Büro sitze, muss ich plötzlich an die Deichschafe denken. Mein Blick hebt sich vom toten Telefon. Ich lasse ihn langsam schweifen. Schaue von meinem Büro aus in den Innenhof des Radiosenders. Ich muss mich vorbeugen, um ein Stück Himmel zu erhaschen. Um mich herum im Studio ist viel Technik, der Raum von künstlichem Licht erhellt. Ich liebe meine Arbeit, und trotzdem … Was ist es, dass ich erst zaghaft, dann immer fordernder in mir wahrnehme? Ich blicke erneut aus dem Fenster, bemerke den Wind, der an den Büschen im Innenhof zerrt, keine Ahnung, wie die heißen.

Bei meiner Arbeit als Journalistin beschäftige ich mich immer mal wieder mit den Themen Artenvielfalt, Erderwärmung, Biodiversität und Klimawandel, aber dabei ist stets etwas zwischen mir und dem Draußen: der Laptop, das Handy. Recherche am Schreibtisch. Ich bin keine aktive Klimaaktivistin, ich klebe mich nicht auf Startbahnen fest, ich war nur unregelmäßig auf den Fridays-for-Future-Demonstrationen und noch seile ich mich nicht von Autobahnbrücken ab, um ein Stück Wald zu retten. Obwohl ich natürlich mehr als nur besorgt bin, teilnehme am politischen

Diskurs und versuche in meinem Umfeld vieles zu tun, um Energie zu sparen, Müll zu vermeiden, CO_2 zu verringern.

Aber an diesem Tag, beim Blick in den Innenhof, spüre ich deutlich, dass mir etwas fehlt. In mir klopft eine tiefe Sehnsucht nach Luft und Weite an. Ich will mich wieder geerdeter, verbundener mit der Natur, lebendiger fühlen. Dieses Gefühl verlässt mich den ganzen weiteren Tag über nicht. Es drängt sich auch in den folgenden Tagen immer wieder in meine Gedanken, ich wache sogar öfter damit auf. Ein sich verzehrendes Sehnen nach Natur.

Ich muss dringend weg aus der gewohnten Umgebung. Ich will mich selbst überraschen, meine Komfortzone verlassen. Und das geht nicht ohne Natur. Ich will wieder raus, will Wind und Wetter und die Nähe zu Tieren spüren, den Tag mit dem Sonnenaufgang beginnen und mich selbst anders wahrnehmen. Ich denke an mein Handy-Schaf, wie gerne würde ich mal wieder einem echten Schaf in die Augen blicken. Wenn ich von Schafen umgeben war, habe ich mich glücklich, ruhig und geborgen gefühlt. Schafgedanken nisten sich bei mir ein. Wäre das immer noch so?

Wie wäre es, einmal anders zu leben, regelmäßig mit Tieren in der Natur zu sein? Könnte ich das? Und wie bringe ich das mit meinem Job, meiner Familie zusammen? Ich kenne die Geschichten von Freundinnen, die eine Alpenwanderung oder ihren Rettungsschwimmerinnenschein gemacht haben. Lang gehegte Träume, die zu Realität wurden. Wieso sollte das bei mir nicht gehen?

Als Teilzeitgärtnerin kann ich schlecht arbeiten, aber vielleicht wäre ein Wochenendjob auf dem Bauernhof eine Idee? Die tiefenentspannten Heideschäfer meiner Kindheit gehen mir nicht mehr aus dem Kopf. Vielleicht ist das nur Romantik-Kitsch, aber die Idee reizt mich. Auch in den folgenden Tagen zwingt mich meine neue Sehnsucht, darüber nachzudenken. Ich schaue auf dem Laufband und beim Kochen YouTube-Videos über Schäfer und Schäferinnen. Google Ausbildungswege, der Beruf der Schäferin lockt mich. Schafe sind immerhin die ältesten Nutztiere des Menschen! Ich bin fasziniert vom Leben im Rhythmus der Jahreszeiten und beginne bei Instagram, einer Schäferin in Irland zu folgen.

Langsam verfestigt sich der Gedanke: Ich möchte einen echten Schäfer kennenlernen. Warum bin ich nicht schon viel früher auf diese Idee gekommen? Wie blind ich war – dabei könnte fast um die Ecke ein Abenteuer auf mich warten!

Meine Internetrecherche beginnt. Die amtliche Berufsbezeichnung lautet Tierwirt, Fachrichtung Schäferei, und beinhaltet eine dreijährige Ausbildung. Ich suche, ich lösche, ich markiere und werde fündig. In der Nähe von Frankfurt sollte es sein, dann sind die Fahrtwege nicht so lang. Eine Schäferei im Rodgau, da bleibe ich hängen. Die Seite verspricht mir »die Idylle in der Region«. Ein Familienbetrieb. Da docke ich emotional direkt an. Vor meinem inneren Auge sehe ich mir drei Generationen zuwinken, wenn ich zum ersten Mal die Weide betrete. Gemäß der Website hat der Schäfer starkes Interesse an der Vermittlung von Wissen über Schafe und er führt immer wieder naturnahe Aktionen für alle Altersgruppen durch. Ich könnte, so wird mir auf der Homepage angeboten, auch eine Patenschaft für eines der Tiere übernehmen. Mein Schaf regelmäßig besuchen, beim Scheren und beim Zufüttern dabei sein. Klingt so, als ob dieser Schäfer der Richtige für mich ist, denn genau das will ich: Die Schafe besser kennenlernen und alles über ihr Zusammenleben und ihren Zusammenhalt erfahren.

Außerdem scheint es, als habe dieser Schäfer wenig Scheu und ist es gewohnt, Fragen zu beantworten. Stadtmenschenfragen – sicherlich sind viele dabei, die man als Schäfer nicht mehr hören kann. Ich nehme meinen Mut zusammen und tippe eine Mail. Etwas weniger Nervosität wäre sicherlich auch okay, schließlich bitte ich nicht Harry Styles um ein Duett. Doch es geht darum, sich etwas zu trauen. Nicht auf der Stelle zu treten, etwas zu wagen, mögen es andere für noch so abwegig halten. Es geht um meinen

Traum. Mein Schafe-Wonderland. Mein Wunsch wäre, den Schäfer in seinem Alltag mit den Tieren zu begleiten, von ihm und vielleicht auch von den Tieren zu lernen. Kann ich überhaupt noch, in meinem multifunktionalen Alltag zwischen Homeoffice, Konferenzen, Moderationen, und Teamsitzungen, das Miteinander und die Ruhe einer Herde verstehen? Kann ich, von Sonnenstrahlen geblendet und mit Matsch an den Sohlen, auf das Leben im Wald und auf der Weide eingehen? Meinen Körper noch fordern, wenn er mit anpacken muss? Schon jetzt atme ich beim Rückenyoga in meine Schmerzpunkte, weil die unteren Lenden sich beim langen Sitzen am Schreibtisch immer wieder bemerkbar machen. Wie wird das erst sein, wenn ich stundenlang Schafe hüte? Vielleicht bin ich innerlich bereits zu weit entfernt von der Natur, durch die zahlreichen hochglanzpolierten, hoch technisierten Fortschrittsräume nicht mehr in der Lage, mich umzugewöhnen?

Ich schreibe dem Schäfer, dass ich ihm Löcher in den Bauch fragen, mit ausmisten und anpacken will. Schicke die Mail aufgeregt ab und warte. Es ist wie bei einem Blind Date, ich bin gespannt, ob er meinen Wunsch ernst nimmt und wann er antwortet. Ich fühle mich plötzlich so schüchtern, als hätte ich eine unsichtbare Linie überschritten. Es war richtig, ihm zu schreiben, denn versuchen muss man alles im Leben. Nur male ich mir nun aus, was er wohl von mir denken wird.

Ich google Schäfer*innen und schafige Produkte, da gibt es ja nicht nur die, die aus der Wolle der Schafe hergestellt werden. Ich warte und checke dazwischen mein Mail-Eingangskonto. Ich google Lammkotelett-Rezepte und checke wieder mein Mail-Eingangskonto. Ich google Autositzbezüge aus Schaffell und checke meine Mails im Eingangskonto. Ich bin richtig nervös. Bin mir unsicher, ob ich mit meiner Mail zu selbstbewusst behauptet habe, dass es für uns beide eine Win-Win-Situation sein könnte. Bestimmt hat der Schäfer viel zu tun. Ich kann warten. Braucht er wirklich noch eine Städterin, die ihn Löcher in den Bauch fragen will und einem Kindheitstraum nachjagt? Jetzt habe ich Jahre auf die Schafe gewartet, da kommt es auf ein paar Wochen mehr auch nicht an. Ein Buddha kann noch von mir lernen, ich bin die Geduld in Person, versuche ich mir einzureden. Checke zur Sicherheit aber noch mal kurz mein Mail-Eingangskonto.

Immer wieder öffne ich die Homepage »meines« Schäfers, der im regionalen Artenschutz und der Landschaftspflege aktiv ist, aber kein Wanderschäfer. Gut, denke ich, dann bin ich abends auch wieder in meinem Bett.

Ich denke viel über die uralte Tradition und Technik des Hütens nach, des verantwortungsvollen Schauens. Vielleicht kommen wir alle beim Thema Klimawandel nicht schnell genug voran, weil wir uns so weit entfernt haben von den heimischen Mooren, Wiesenlandschaften und Wäldern? Weil wir verlernt oder vergessen haben, uns runterzubeugen, um Gräser zu bestimmen oder Maulwurfshügel zu bestaunen oder die Arbeit eines Regenwurms zu schätzen? Wer kann schon noch die verschiedenen Vogelarten, Libellen, Froscharten oder Grashüpfer benennen?

Vier Tage später bekomme ich eine Antwort:

Sind Sie die Bärbel Schäfer? Oder hat ihr Account einfach so einen bescheuerten Namen? Wurde Ihr Konto nicht gehackt, und davon gehe ich jetzt mal aus, dann klingen Sie zumindest so direkt wie die Bärbel Schäfer. Ob Sie anpacken oder besser reden können, kann ich jetzt nicht beurteilen, ich freue mich jedenfalls, wenn wir uns nächsten Samstag um 15.00 Uhr persönlich kennenlernen, dann besprechen wir alles Weitere. Den Google-Maps-Link für den Treffpunkt maile ich Ihnen noch zu.

Mit schafigen Grüßen!

Er hat geantwortet. Ich freue mich von Herzen und lese die Mail mehrfach durch. Das könnte der Beginn eines Abenteuers sein oder zumindest einer intensiven Erfahrung oder gar eines lebensverändernden Ereignisses, wir werden sehen. Er ist mir jetzt schon sympathisch. Es riecht nach Aufbruch.

Aber wie sieht der Alltag eines Schäfers heute überhaupt aus? Kann man davon noch gut leben? Ich weiß wenig über die Tagesstruktur eines Schäfers oder einer Schäferin, einiges davon ist vielleicht eher romantische Schwärmerei. Mich fasziniert, dass Schäfer an die fünf bis sechs Kilometer pro Tag mit ihrer Herde über das Land ziehen. Dabei muss man gut allein sein können. Alleinsein macht vielen Menschen Angst, das ist keine Seltenheit. Schnell den Laptop aufklappen, den Fernseher oder das Radio einschalten, die Stimmen der Morningshow-Moderatorinnen hören, liken, swipen oder in die gefilterten Leben der anderen eintauchen. Damit bloß nicht das Gefühl von Alleinsein in uns hochkriecht.

Die Mail hat mich meinem Traum ein Stückchen nähergebracht, doch in die Freude mischt sich auch Sorge, mich in eine neue zeitliche Abhängigkeit zu begeben. Ich habe mein Privatleben, meinen Beruf, die Kinder, den Hund, mein Ehrenamt, meine Mutter, Freundinnen, Yogastunden, Veranstaltungen … und meine Konzertliebe. Das ist zeitlich alles engmaschig austariert. Werde ich es tatsächlich schaffen, neben allen weiteren Alltagsherausforderungen den Schäfer in mein Leben zu integrieren, mich ihm und der Herde vom Zeitplan her unterzuordnen, für ein Reinschnuppern in seinen Alltag mit Schafen?

Unter der Woche werde ich es realistischerweise nicht schaffen, auf der Weide zu stehen. Die Kinder haben Schule, ich arbeite und habe eigentlich jetzt schon zu viel auf der täglichen To-do-Liste. Sonntags habe ich immer Sendung und Podcast-Produktion, der Tag fällt also auch flach. Am Samstag sind die Kinder oft bei Sportveranstaltungen, da schaue ich gerne zu. Sollte der Schäfer meine Nähe, meinen Schulterblick auf seinen Alltag zulassen, werde ich ihm dennoch den Samstag als regelmäßigen Tag anbieten. Ein Jahr lang die Samstage freizuschaufeln, wird eine Herausforderung für mein Zeitmanagement. Doch meine Sehnsucht ist stärker, die Sehnsucht nach Innehalten, Versorgen und Fürsorge, körperlicher Betätigung und danach, sich einzugliedern in die jahreszeitlichen Kreisläufe. Ich will den verschollenen grünen Faden in mir nicht loslassen, nicht aufgeben. Die Sehnsucht nach Draußensein und Verbundensein wieder wachküssen und erneut ankommen in der Natur. Und damit vielleicht auch ankommen bei mir, als Teil eines Ganzen.

Frühling

Mission Schaf startet
DER ERSTE BESUCH BEIM SCHÄFER

Dreißig Kilometer südlich des Frankfurter Stadtgebiets habe ich das achtspurige Frankfurter Autobahnkreuz hinter mir gelassen. Ich passiere eine Autobahnausfahrt mit achtlos aus dem Fenster geschleuderten Plastikflaschen. Massenhaft liegen sie dort im Graben. Wer fährt sein Fenster runter und wirft Müll in die Natur?

Die Strecke führt mich über Landstraßen, ich verlasse das Großstadtgebiet und erreiche die Rhein-Main-Gegend um Groß-Gerau. 25 000 Einwohner, Kreisstadt und Ökomodellregion Süd. Ich fahre durch Vororte, Neubaugebiete mit Fertighäusern. Vorbei an Carports, Wäschespinnen und Trampolinen in Vorgärten. Pendlerregion mit gerade noch bezahlbarem Wohnraum. Der Traum von den eigenen Wänden ähnelt sich in Reihenhaus an Reihenhaus. Alteingesessene mischen sich mit Neuzugezogenen. Plakate für den Faschingsball neben Plakaten für Monstertruck-Events in der nächstgrößeren Stadt. Eigentümerträume fressen sich in die Landschaft. Der Platz für einheimische Pflanzen und Tierarten schrumpft.

Ausgerechnet hier, wo die Priorisierung des Wohnbedarfs der Menschen der Natur schon so viel Land genommen hat, soll ein

Schäfer mit seiner Herde leben? »Die Idylle in der Region«, heißt es in seinem Logo. Skepsis macht sich in mir breit. Wo sollen hier Schafe und Ziegen grasen, lammen und Futterplätze finden?

Ich parke meinen Wagen, stelle den Motor ab. Stille.

Außentemperatur sechs Grad, Region Rodgau, Samstagnachmittag. Der Boden der winterbraunen Weide wirkt jetzt im Januar müde. Die Schneedecke ist weg, das Gras noch grau. Die Äste der Bäume sind kahl. Weder Blätter, die im Wind rascheln, noch Knospen an den Zweigen. Kein Blühen nirgends. Als hätte eine Mütze schwerer Müdigkeit sich über die Winterlandschaft gelegt. Nichts müssen müssen. Die Natur hat die Stopptaste gedrückt.

Ich lasse den Blick über die Weide schweifen. Nur dank Google Maps habe ich hierher gefunden. Bis eben wusste ich nicht, dass es eine Funktion gibt, die auch landwirtschaftliche Zufahrtswege anzeigt, sonst wäre ich schon an der vorletzten Kreuzung kurz hinter dem kleinen Bahnübergang verloren gewesen. Jetzt bin ich da. Mein Schafabenteuer geht genau hier und heute an diesem kalten Samstag los.

Ich operiere nicht am offenen Gehirn, ich werde weder in einer Raumkapsel ins All katapultiert, noch sitze ich Günther Jauch bei *Wer wird Millionär* auf dem Kandidatenstuhl gegenüber. Und dennoch, ich bin aufgeregt. Ich starte den Motor und drehe die Heizung auf volle Leistung auf. Das Gebläse erwärmt den Innenraum des Wagens. Wo bleibt denn der Schäfer? Ich bin pünktlich, wie so oft auch jetzt etwas zu früh am verabredeten Treffpunkt. Soll ich aussteigen? Ich überlege. Hier ist ja niemand, ich checke Seitenspiegel und Rückspiegel. Kein Mensch weit und breit. Was soll ich da draußen herumstehen wie eine zurückgelassene Eckfahne? Ich öffne die Tür und verlasse mein Auto, drehe mich im Weggehen immer wieder nach ihm um. Als ob mir jemand die ungewaschene Karre auf dem Feldweg klauen würde. Ich gehe einige Meter.

Hinter einer winterlich laublosen Hecke entdecke ich die Tiere. Wie süß sind die denn? Ich halte meine Hände vor den Mund und ersticke einen kleinen Aufschrei. Achtung: mein erster *Shaun das Schaf*-Moment. Zig Schafsaugenpaare schauen mich groß an. Dann senken sie wieder ihre Köpfe. Die Herde grast friedlich weiter, nur einzelne wollige Vierbeiner lassen kauend den Kopf erhoben und behalten mich im Blick. Von Unruhe keine Spur, obwohl ich mich langsam der Absperrung nähere. Warum hängen da Herrensocken am Zaun? Ich strecke den Arm aus und versuche ein Schaf zu mir zu locken. Beuge mich vor, rufe und pfeife leise. Autsch! Im Zaun fließt Strom und jetzt auch durch mich. Ich reibe mir den Ellenbogen, schade, dass ich das Warnschild nicht früher gesehen habe. Oder wie mein Papa immer gesagt hat: »Erst lesen, dann schauen, danach denken und handeln.«

Sind diese Tiere wirklich so ohne Arg? Gutgläubig gehen sie davon aus, dass man ihnen nichts Böses will. Gefahr scheinen sie bei mir jedenfalls nicht zu wittern, oder hören die nur schlecht? Aber bei den Ohren? Kaum vorstellbar. Kein Schaf läuft auf mich zu. Kauendes Desinteresse. Hier und da ein vereinzeltes, müdes Mäh. Das schwache Läuten eines Glöckchens. Etwas mehr Enthusiasmus hatte ich schon erwartet.

Nach zwei Minuten an der frischen Luft beginne ich bereits zu frieren. So ohne Lenkrad- und Sitzheizung ist es unangenehm kühl. Worauf habe ich mich hier eingelassen? Ich könnte gerade gemütlich auf der Couch liegen. Samstag ist der einzige Tag in der Woche, an dem ich länger ausschlafen, mit meinem Mann ins Kino gehen oder für unsere Freunde etwas Schönes kochen kann. Ist das wirklich ein guter Plan, für die nächsten 52 Wochen so gut wie jeden Samstag dem Schäfer und der Herde zu widmen? Nicht, dass die Schafe mich am Ende meine Ehe kosten.

Diese Kälte ist keine normale Januarkälte, sie ist wie ein aggressiver Pitbull, kriecht hungrig über die Knöchel hoch bis in die

Kniekehlen. Warum habe ich mich gegen die Thermoleggings entschieden? Weil die auftragen mit ihrer doppelt dicken Struktur? Will ich ernsthaft mit Ende fünfzig einen Schäfer aus der Region Rodgau mit einer schlanken Beinsilhouette beeindrucken?

Das Komfortlevel ist noch nicht ganz das richtige für mich als langjährige Städterin. Zu zugig. Kein echter Windschutz nirgends. Ich drücke meine Fäuste tiefer in die gesteppte Jackentasche und fühle mich fremd in dieser Umgebung. Als würde die Natur merken, dass ich keine Ahnung von ihr habe. Mich Lichtjahre von ihr entfremdet habe. Mit dem Hund auf einem Waldweg laufen, das erledige ich noch lässig. Das Knarzen der Zweige gleicht einem höhnischen Lachen, während ich da so herumstehe und zitternd nach dem Schäfer Ausschau halte. Bin ich wirklich bereit für ländliche Eindrücke und eine Dosis Natur? Zurückzukehren? Ich bin hier, um herauszufinden, wo und ob ich naturtechnisch wieder andocken kann, will nicht nur kurz gucken und dann wieder weg sein. Eine Heizung wäre jetzt aber schon schön.

In der Pandemie haben sich viele Großstädter Patentiere angeschafft. Freunde hatten plötzlich einen Bienenstock auf der Dachterrasse, andere pflegten enge Verbindungen zu Alpakas. Aber darum geht es mir nicht: Ich will nicht nur ein bisschen Natur, sondern wirklich Eintauchen in die Arbeiten, die mit dem Zyklus der Jahreszeiten verbunden sind. Ich will das traditionelle das Leben des Schäfers und die Herde kennenlernen, beobachten, anpacken und mir die Hände schmutzig machen. Mein Ziel ist, regionalen Naturschutz zu erleben und zu begleiten. Ich könnte es mir selbstverständlich auch einfacher machen und eine Mitgliedschaft beim 1. FC Köln beantragen, um als Fan dem Geißbock Hennes IX. nah zu sein, jedenfalls bei Heimspielen. Bei Auswärtsspielen darf er nicht mit und lebt, gut betreut, im Kölner Zoo. Aber mein Herz gehört schon Werder Bremen, die haben nun mal kein lebendes Clubmaskottchen. Bliebe noch die Frankfurter Eintracht mit Attila dem Adler – doch mein Herz schlägt für Paarhufer.

Ich gehe den Bärbel-Weg. Wenn, dann richtig! Wenn ich den Schäfer und seine Herde ein Jahr lang begleite, werde ich einiges mitbekommen. Das hessische Land ist nicht unbedingt unberührte Wildnis, schon klar. Mein Schäfer lebt auch nicht wie ein Nomade im Zelt bei seinen Tieren, er fährt abends nach Hause mit Fernsehen und gemütlichem Bett. Mir geht es ja auch nicht um Extreme, ich habe weder die Stadt grundlegend satt, noch will ich als einsame Selbstversorgerin auf dem Land leben. Ich wäre einfach gerne für ein Jahr eine Azubi-Schäferin. An einem Ort in der Natur, an dem Gedanken wieder Platz haben und offen sind für Neues.

Der Schäfer hat die unglaubliche Lebensentscheidung getroffen, Schäfer zu sein. Kein Wochenende frei, Arbeitsstunden nicht nach Stechuhr, viel Verantwortung. Er reiht sich ein in die jahrhundertealte Tradition dieses Berufs. Was kann ich wohl alles von ihm lernen? Ich machte mir im Kopf schon mal eine Bucketlist, was ich gerne erleben würde: Ich möchte Lämmer auf die Welt kommen sehen, die Schur und wie die Herde über Land geführt wird. Ich will die Arbeit des Hütehundes verstehen, Weidewissen aufbauen und Krankheiten der Tiere erkennen können. Dafür bin ich bereit, jeden Samstag in die Gummistiefel zu steigen, die Ärmel hochzukrempeln und von Januar bis Dezember draußen zu sein, soweit mein Dienstplan und meine Jobs es zulassen. Nun muss nur noch der Schäfer wollen. Wo bleibt der denn?

Langsam spüre ich meine eiskalten Füße nicht mehr. Der Schäfer sollte mich und meine Fragen im Schlepptau aushalten können, hoffentlich spricht er gerne. Was das wohl für ein Typ Mensch ist, der sich einen Alltag aussucht, in dem er so viel auf sich allein gestellt ist? Schaffe ich es, dass er wirklich zustimmt, dass ich ihn begleiten darf? Was ist, wenn er heute nicht kommt?

Ich kann keine Monate auf einem Biohof mit Schafzucht in Bayern oder bei den Sylter Deichschafen verbringen, das ist einfach nicht familienkompatibel. Wir haben ausgemacht, dass wir es erst einmal miteinander versuchen. Uns probeweise beschnuppern. Ob ich mich hier und heute irgendwie beweisen muss? Vielleicht fragt er mich gleich Schafrassen ab oder ich muss spontan alle Futterarten aufsagen können? Bärbel, das hier ist kein Casting, beruhige ich mich. Der Schäfer und ich müssen uns nur annähern, zaghaft kennenlernen, Vertrauen aufbauen.

Ich habe einiges über ihn herausgefunden. Er ist Gründungsmitglied im Landschaftspflegeverband Südhessen, Teil der NABU Eingreiftruppe Herdenschutz und Mitglied bei der Bundesarbeitsgemeinschaft Lernort Bauernhof e.V. Zu seiner Herde gehören die widerstandsfähigen Merinoschafe, aber auch die vom Aussterben bedrohten seltenen Zackelschafe. Bei wem sollte ich besser lernen können als bei ihm? Doch manchmal klaffen Plan und Wirklichkeit auseinander, denke ich nervös und schaue auf die Uhr.

Da entdecke ich ihn hinter einigen Birken. Ich winke, als wollte ich mir den Arm auskugeln. Er trägt grün-braune Kleidung, vielleicht stand er da schon eine ganz Weile und ich habe ihn wegen der Tarnfarben nicht gesehen. Er ist jünger als ich dachte. Jedenfalls aus der Ferne. Er ist wirklich da, ich fasse es nicht. Ein echter Schäfer. Jetzt ruft er mit fester Stimme die Herde zu sich und die Schafe laufen auf ihn zu. Da könnte unser Familienhund sich noch etwas in Sachen Gehorsam abschauen. Ein schwarz-weißer Hund hilft dem Schäfer, treibt die Herde in seine Richtung. Was für eine Autorität der Hund über die anderen Tiere hat. Der Schäfer lehnt lässig am metallischen Tor des Pferchs. Wie entspannt die Tiere auf den Schäfer zulaufen, sich mühelos in den eingezäunten Kreis drücken, beeindruckt mich. Ein Schafeflüsterer, schießt es mir durch den Kopf. Da stehen sie nun, Seite an Seite. Kaum eine Handbreit passt zwischen die Schafsrücken. Die Hellen, die Dunkelgesichtigen, die Gefleckten, die Ruhigen und die aufgepumpten Drängler. Der Schäfer schließt das Tor und winkt mich zu sich herüber. Ich setze einen Fuß vor den anderen und ziehe meine eiskalte Hand aus der Jackentasche. Wir treffen uns am Elektrozaun, er deutet auf eine Stelle in der Nähe des Pferchs. Er drückt den Zaun runter, ich steige drüber. Wieso bekommt er keine gewischt? »Strom ist aus«, sagt er, als habe er meine Gedanken erraten. Wir begrüßen uns mit einem behandschuhten Handschlag. Es geht los. Mission Schaf startet.

Ein Schaf schnuppert an meiner Hand, reckt den Hals, schaut mich an. Ich frage den Schäfer, ob es in Ordnung ist, wenn ich das Tier berühre. Er nickt. Ich strecke vorsichtig die Hand aus und streichele es. Heute muss ich keinen Deich hinabrollen und ich habe noch nicht einmal Futter als Lockmittel dabei. Das Schaf hebt den Kopf und ich kraule es auf der Stirn. Streichelnd bewegt sich meine Hand Richtung Wange. Es legt den Kopf leicht schief und scheint die Berührung zu genießen, aber richtig ausweichen kann es meiner Zuwendung auch nicht, denn es steht dicht gedrängt zwischen allen anderen. Jedenfalls duckt sich das Tier nicht weg, sein Kopf drückt sacht gegen meine Hand.

Der Schäfer ist inzwischen über den Zaun zu den Schafen geklettert. Er kontrolliert ihre Hufe, entfernt kleine Äste zwischen den Klauen und checkt farbige Chips an den Ohren. Das Schaf lässt sich weiter von mir kraulen. Sein Kopf ist warm und verhältnismäßig groß, ich hatte das irgendwie weicher in Erinnerung. Ich streichele weiter. Wir schweigen. Ich grinse versonnen debil, wie am Tag der Abiturzeugnisübergabe meines Erstgeborenen. Dieser Samstag ist der erste Tag, an dem ich nach Jahren endlich wieder ein Schaf berühre. Mein Merinopulli im Schrank ist ehrlich gesagt weicher als das echte Tier, dafür schaut er mich nicht so süß an. Überhaupt, dieser auf mir ruhende, durchdringende Blick des Kraulschafes … Ich versuche dem Blick standzuhalten, muss aber blinzeln. Ich wollte doch so viele Fragen stellen, aber jetzt fällt mir keine mehr ein. Mich durchströmt eine tiefe Ruhe.

Der Schäfer ruft etwas zu seinem Sohn hinüber, der mit ihm auf die Weide gekommen ist. Ich verstehe kein Wort, irgendwas mit *sägen*. Er zeigt auf ein paar Bäume, spricht tiefstes Hessisch. Meine achtzehn Jahre Anwesenheit in Hessen haben noch nicht dazu geführt, dass ich fließend diesen Dialekt babbeln tät. Das wird schwierig, denke ich.

Ich versuche meinen unterkühlten Körper jetzt auch lässig an das Gitter zu lehnen, hinter dem die Tiere eng beieinander stehen. Bewerbungsgespräch. Ich rede ohne Ende, in der Hoffnung, ihn mit Worten zu überzeugen. Ich rede über das Leben in der Stadt, die Schafe an der Nordsee, alte *Shaun das Schaf*-Folgen. Ich glaube, ich rede mich um Kopf und Kragen. Ab und zu nickt er langsam. Er fragt wenig. Ein Endgegner im Small Talk.

Das hatte ich mir anders vorgestellt. Ich habe für dieses erste Treffen nur wenig vorbereitet, würde zu gerne gleich etwas zu tun haben und dabei meine Fragen stellen, meine Beobachtungen und meine Gefühle benennen. Nun bin ich beruflich wirklich rede-erfahren, mich bringt so schnell keine Gesprächspause in Verlegenheit, doch jetzt kann auch ich kaum etwas gegen das immer wieder ins Stocken geratende Gespräch und längere Schweigen tun. Vielleicht halte ich es mal aus? Mache mir keinen Druck, die nächste Gesprächsanregung zu liefern? Beobachte mich bei dieser seltenen Erfahrung, nicht verantwortlich zu sein für den Gesprächsfluss? Ich schaue was passiert, was sich eben ergibt.

Das Schäfer im Beobachten sehr erfahrene Zeitgenossen sind und ansonsten eher zurückhaltende, wortkarge Menschen, die weder große Menschenansammlungen lieben noch im Youtuber-Style dauerquatschend im Sendemodus sind, hatte ich bereits geahnt. Meine Mithilfe wird jedenfalls erst mal ausgebremst, dabei bin ich doch eine Anpackerin: Ich schleppe Stative an Drehorten,

Sportausrüstungen bei den Sportevents meiner Jungs, schwere Schulranzen, Wasserkisten und unter der Woche mehrere Einkaufstüten für die ganze Familie hoch in den dritten Stock. Ich trage Altglas zum Container und wuchte Urlaubskoffer in das Auto. Ein Wunder, dass meine Arme nicht schon seit Jahren auf dem Boden hinter mir her schleifen. Tragen kann ich wirklich. Zupacken auch. Meine Zeit auf der Weide wird kommen, das spüre ich. Der Schäfer jedoch bleibt skeptisch, was auch an meinen frisch lackierten knallroten Shellack-Nägeln liegen kann.

Der Herr über die Herde überlegt bestimmt, ob ich was kaputt machen kann, seine Schafe verschrecke oder er mich überhaupt in seiner Nähe haben will. Für mich wäre es ebenso ungewöhnlich, blickte mir jemand für mindestens zwölf Monate bei der Vorbereitung von Moderationen oder beim Schreiben von Texten, Büchern und Interviews permanent über die Schulter. Bei manchen Arbeiten ist man gerne alleine, ich zumindest.

»Schafe in den monotheistischen Religionen ist nicht mein Thema«, sagt er dann plötzlich klar und deutlich. Ganz unvermittelt platzt das aus ihm heraus: »Weder religiöse Themen noch koschere oder halal Schlachtungen werde ich diskutieren, da bin ich nicht der richtige Ansprechpartner für Sie. Aus Religion halte ich mich prinzipiell raus.« Das respektiere ich selbstverständlich und nicke überdeutlich.

Das Schaf will weitergestreichelt werden, stupst mich drängend an. Nur noch kurz die Hände aufwärmen, dann geht es weiter, versprochen. Mag sein, dass dem Schäfer hier schon zahlreiche interessierte Städter vieles versprochen haben und dann doch wieder abgesprungen sind. Kurzfristig waren sie alle entflammt für die Herde, aber dann haben sie sich lieber wieder zu Hause vor die Glotze gefläzt. Vielleicht bedeutet sein Zögern auch: »Was will diese Radiojournalistin und ehemalige TV-Moderatorin hier eigentlich?«

Was der Mann noch nicht weiß: Wenn ich etwas zusage, ziehe ich das auch durch. Und das hier ist ein Herzensprojekt. Während ich da auf der Wiese mit ihm, mit mir und der Kälte ringe, weiß ich genau: Ich will das. Ich will mit Gummistiefeln über die Wiese laufen und etwas lernen, ich habe tausend Fragen. Erkennen die wolligen Schafböcke und Mutterschafe ihren Schäfer eigentlich, wenn er die Weide betritt, und warum verlassen sie sich auf ihn? Sind die so friedlich oder gucken die nur so? Sind Mutterschafe wirklich solche Supermoms und schließen Schafe auch Freundschaften? Äußerlich wirke ich entspannt, nur in meinem Inneren herrschen Unordnung und Unruhe. Wie kann ich nur meine Verlässlichkeit deutlich machen? Wann erlöst der Schäfer mich endlich aus meiner erwartungsvollen Anspannung und sagt einfach Ja zu meinem Frischluftprojekt?

Vor etwa sechzig Minuten bin ich über einen ausgeschalteten Elektrozaun gestiegen, es gibt nichts zu tun, womit wir unser abwartendes Rumstehen unterbrechen. Etwas mehr Neugier habe ich schon erwartet, wenn ich ehrlich bin. Ich streichele weiterhin ganz ruhig das Schaf. Im Hintergrund sägt jemand an einem Baum. Er schaut zu mir rüber. Ich spüre, das könnte ein Anfang sein. Ich lächle die Schafe an und frage, wie diese Rasse heißt. »Zackelschafe«, sagt der Schäfer. Erneute Stille.

Einsatz am Limit

UMZUG MIT HERDE

Nach unserem ersten Schäfer-trifft-Schäfer-Kennenlernen esse ich erst einmal Pommes zur Aufmunterung und gehe heiß duschen, um mich aufzuwärmen. Wenn die kommenden Treffen so sperrig werden wie dieses, dachte ich auf der Rückfahrt, dann werden die kommenden 52 Wochen zäh. Mit dicken Skisocken, einem Becher Tee und einem gemütlichen Sweatshirt sitze ich neunzig Minuten später auf der Couch und checke meinen Mail-Account. Neben Spammails mit Werbung für individuell gestaltete Briefkästen und Urlaub in Kroatien entdecke ich überraschend eine Mail des Schäfers. Das ging ja schnell, denke ich und öffne sie mit der Gewissheit, gleich eine Absage zu lesen.

Hallo Frau Schäfer,
das freut mich, dass Sie tatsächlich nochmals kommen möchten. Hatte ich jetzt nicht unbedingt mit gerechnet. Ich denke wir werden am nächsten Samstag schon einiges zu tun haben. Wahrscheinlich werden wir die Herde umkoppeln, aber ich bin mir noch nicht ganz sicher, das hängt von der Menge des Niederschlages ab bis Mitte nächster Woche. Danach kann ich Ihnen den Plan präsentieren.

Also keine Absage, stattdessen die Chance, wieder zur Herde dazustoßen zu dürfen. Määähga, bricht es aus mir heraus.

Eine Woche später ist es so weit, der Schäfer hat mir den Treffpunkt für meinen ersten richtigen Einsatz geschickt. Dafür kaufe ich mir zum ersten Mal Schuhe im Internet: Gummistiefel. Es sind weder irgendwelche Marken- noch sonst wie exklusiven Stiefel, wie ich sie auf der städtischen Hundewiese so oft sehe, sondern ganz einfache Exemplare. Reinschlüpfen und fertig. Sie sind praktisch, halten das Wasser ab, ich kann unbedarft damit durch die Pfützen latschen, auf den Trecker klettern und anders als bei meinen geliebten weißen Sneakern muss ich mir keine Sorgen um Matsch in den Rillen machen. Zuhause abspülen, sauber.

Mit Gummistiefeln verbinde ich so viele Kindheitserinnerungen: das Platschen in den Matschpfützen, verregnete Sommer an der Nordsee. Nun wird mich mein neues Exemplar durch die anstehenden besonderen Monate begleiten.

In den kommenden Wochen wird das Anziehen der Stiefel für mich fast zu einem Ritual: Mit dem Hineingleiten beginnt immer wieder ein neuer Schritt in die Welt der Schafe. Da die Gummistiefel allerdings bis zum nächsten Einsatz beim Schäfer oft im Kofferraum des Autos herumfliegen, rümpfen so manche Mitfahrer*innen bald die Nase. Ich rieche den strengen Duft von Schafen und Schafskot schon gar nicht mehr.

Doch zurück zu meinem ersten Schafseinsatz. Der Tag beginnt direkt mit einer Lektion und Erkenntnis für mich: Auch Schafe mögen geregelte Abläufe und Routinen. Sie sind die Beamten unter den Tieren. Routine gibt ihnen Sicherheit. »Wenn die Herde weiß, wie der Schäfer tickt, wissen sie genau, was sie erwartet. Sie vertrauen dann, das ist wie in menschlichen Beziehungen«, erklärt mir der Schäfer. Wir stapfen über einen Feldweg mit zugefrorenen Pfützen Richtung Herde. Es ist Samstagmorgen.

Ich habe bis zum heutigen Weckerklingeln sieben Tage schafige Vorfreude in mir getragen.

Mein Lehrmeister hat einen zügigen Gang, mit einer großen Schrittlänge. Ich denke an meine Routinen, die mich durch das Leben begleiten, wie zum Beispiel meine vertrauten Fahrradrouten in der Stadt oder frühmorgens mein Gang zum Bäcker, um als eine der allerersten Kundinnen Brötchen für das Familienfrühstück zu kaufen. Ich setze den Kaffee auf, lege die knusprigen Brötchen in einen Korb, bereite die Frühstücksboxen für den anstehenden Schultag vor und wecke die Kinder. Diese vertrauten Abläufe schenken mir eine innere Ruhe, denn die sich wiederholenden kleinen Handlungen sind erfüllt mit Liebe. Es gibt mir Halt, immer wieder etwas für die Menschen, die mir nahestehen, zu tun, auf das sie sich verlassen können und das ich ihnen von Herzen gerne gebe. Dafür bin ich bereit, jeden Wochentag fünfundvierzig Minuten weniger Schlaf in Kauf zu nehmen. Geben ist keine Einbahnstraße, es schenkt auch mir ein Stückchen vom Glück. Wenn die Kinder in wenigen Jahren ausgezogen sein werden, werden mir diese Routinen sicherlich schmerzhaft fehlen. Es ist eine so liebevolle, fürsorgliche und zarte Geste, eine bunte Brotbox zu schließen, bereitzulegen und den Jungs einen fantastischen Schultag zu wünschen. Ich glaube, es liegt mir auch deshalb so am Herzen, weil ich als Kind nicht immer ein Pausenbrot mitbekommen habe.

Routinen sind wichtig für den Familienzusammenhalt, sie stiften ein Gemeinschaftsgefühl und geben Sicherheit. Das ist bei Menschen so, und es scheint auch bei den Schafen so zu sein.

Nimmt das Futter für die Herde auf einer Weide ab, wird die Futtersuche komplizierter und die Fressroutine ist unterbrochen. Man merkt das daran, dass die Tiere unruhiger werden. Wer wie ich Teenager großzieht, weiß wie rasch die Stimmung kippen kann, wenn Halbwüchsige mit Hungergelüsten kein (Fr-)Essen

finden. Deshalb steht bei der Herde eine Umweidung an, ein scha-
figer Umzug an einen futterreicheren Platz. Bei Pubertieren ist das
ja oft die Dönerbude an der nächsten Ecke.

Weidewechsel sind Routine für die Schafe. Die Länge des Auf-
enthaltes auf einer Wiese hängt vom sogenannten Pflegeziel ab,
damit meint man den Zustand der Weide, wenn die Weidezeit der
Schafe dort vorbei ist. Die Weide muss in einem guten Zustand
sein, das kann heißen, dass die Herde Hecken abfrisst und damit
eine ausgreifende Ausweitung der Hecke verhindert. Die Weide
darf aber nicht zu weit gepflegt sein, also auch nicht zu abgefressen. Meint es der Schäfer zu gut und lässt die Schafe länger stehen,
dann werden vielleicht bestimmte Grasarten oder der Bewuchs zu
weit zurückgedrängt.

Die Natur sollte sich im besten Fall entwickeln können, der
Schäfer mit seiner Herde nur begleitend eingreifen. Ein Balan-
ceakt gegenüber dem Kunden, der ihm die Weide anvertraut hat.
Das kann die örtliche Gemeinde sein, die den Schäfer beauftragt,
eine begrenzte Fläche zu pflegen, weil sie beispielsweise mit Gerä-
ten schwer zugänglich ist, oder Eigentümer von Weideflächen, die
aktuell nicht bewirtschaftet werden oder temporär brachliegen.

Für Schafe ist ein pralles All-you-can-eat-Weidebüfett mit
möglichst unterschiedlichem Futter fantastisch. Auf der einen
Weide gibt es vielleicht Sandmagerrasen, am alten Flussbett des
Neckarbeckens wachsen wiederum andere Grasarten. Schafe mögen das, denn Gras ist nicht gleich Gras und Grün ist nicht immer
gleich nahrhaft. Gras schmeckt sehr unterschiedlich, doch für den
Geschmack des Schaffleisches oder der Milch ist die Sorte nicht
entscheidend. Es geht eher um den Wachstumskreislauf und das
Wohlbefinden der Tiere. Wir essen ja auch nicht jeden Tag Dosen-
ravioli, obwohl uns das in WG-Zeiten erstaunlicherweise gesättigt
hat. Nicht nur der Mensch, auch Tiere lieben Abwechslung in der
Ernährung. Wenn ich allerdings in einem Restaurant ein Lieb-

lingsessen entdeckt habe, bestelle ich es bei jedem Besuch aufs Neue. So wie ich auch immer dieselbe Lippenstiftmarke benutze, bis das Produkt irgendwann dummerweise eingestellt wird. Aber das sind meine kleinen Routinen.

Wir erreichen die Weide und der Schäfer lässt das Gatter, nachdem er es geöffnet hat, entspannt offenstehen. Ganz hinten in der Ecke heben die ersten Tiere die Köpfe, als er sie mit einem langen »FREEEUUUUNDE«-Ruf begrüßt. Sie erkennen seine Stimme, vertrauen seinem Ruf und kommen als wollige Welle auf ihn zugelaufen. Erst langsam, dann werden sie immer schneller, als hätten sie Sorge, etwas zu verpassen. Mich erstaunt, dass wir das quietschende Tor nicht hinter uns schließen. »Warum?«, fragt mich der Schäfer und fügt an: »Schafe sind Herdentiere, wo sollen die denn hingehen? Die wollen nicht abhauen, wozu auch? Es geht ihnen doch gut bei uns und Futter ist vorhanden. Schafe haben keine Neugier ständig neues Terrain zu erobern. Verhungern sie nicht, verändern sie sich nicht räumlich.«

Schafe bleiben lieber da, wo sie sind. Da müsstest du die Weide schon sprengen oder komplett ausbaggern. Garantiert das Weideland ausreichende Versorgung, bleiben sie ruhig und treu vor Ort. Diese Vielleicht-ist-die-Wiese-nebenan-grüner-Versuchung gibt es bei ihnen nicht. Nur ab und zu ist vielleicht doch ein neugieriges Schaf dabei. Bei Ziegen ist das Verhalten noch ausgeprägter.

Wie viel entspannter könnten wir Menschen sein, wenn wir unsere unstillbare Sehnsucht nach ständig mehr, schneller, größer hinter uns lassen würden. Die dritte Badehose, das fünfte Paar Sneakers, die vierte Salatschüssel und x-te Winterjacke bringen unseren Planeten an den Rand des Kollapses. Alle wollen stylish sein, online bestellen, liefern lassen. Alles so bequem, alles wenig nachhaltig. Passt das Gewünschte nicht, heißt es zurück mit dem Karton, noch mal CO_2 verblasen. Gleichzeitig schauen wir zu, wie der Einzelhandel und die Innenstädte veröden, wir ignorieren die Niedriglöhne der Botenfahrer*innen, sehen die Müllberge am anderen Ende der Welt wachsen und konsumieren trotzdem Neues.

Vielleicht sollten wir uns ein bisschen mehr wie die Schafe verhalten und innerlich zur Ruhe zu kommen, denke ich, genügsamer werden und den befriedigenden Istzustand zulassen, akzeptieren. Sich nicht permanent selbst oder vermeintlichen Zielen hinterherjagen zu müssen, da zufrieden zu sein, wo wir sind, ginge das? Oder würde das in eine ehrgeizlose und wenig innovative Gemeinschaft führen? Würden wir effektive Neuerungen versäumen durch schafige Zufriedenheit?

Jedenfalls gibt dieser Weideboden hier nicht mehr viel her. Jetzt, Anfang des Jahres, ist das letzte bisschen Grün abgefressen. Es sind nur noch ein paar lange tote Gräser übrig geblieben, Sauergrass, ohne jeden Nährwert für die Tiere. Soweit mein Auge reicht ist alles abgenagt, die Tiere haben ganze Arbeit geleistet und wirklich nichts übersehen.

Für den Schäfer ist es eine große Herausforderung, alles gut im Blick zu behalten, den Zustand der Weide, ihren aktuellen Feuchtigkeitsgrad, die Futterlage für die Tiere, die Anforderungen des Kunden. Oft gleicht es einem Jonglieren mit mehreren Faktoren, und die Wetterapp muss er dabei auch immer gut im Auge haben. Die zwei Hektar große Weide wird langsam immer feuchter, ein Grund mehr um umzuziehen. Ich bin aufgeregt, Umzugstag und ich habe keine Ahnung von Standortwechseln mit Schafen. Wie so ein Weidenwechsel wohl ablaufen wird? Ich sehe mich bereits in Schülerlotsenmanier Straßen absperren.

In meiner Studentinnen- und Azubi-Zeit bin ich zigmal in eine neue Wohnung gezogen, dafür brauchte es Umzugskartons, kräftige Kumpels und die Straßenabsperrung für den Lkw. Damals habe ich Umzüge, das Ausmisten, den Neustart immer geliebt, sie waren mir nie eine Belastung. Aber all das hilft mir hier und heute wenig.

Die neue Weide liegt in einem gemischten Wohngebiet: Bepflanzte Vorgärten, E-Bikes, Rollrasen, verschiedenfarbige Mülltonnen und Kinder auf Rollerblades neben kleineren Äckern der landwirtschaftlichen Nachbarschaft. Es ist Samstagvormittag, viele Bewohner*innen werden mit ihren Familien zu Hause sein.

Eine kribbelige Vorfreude macht sich in mir breit, während ich die gelbe Warnweste anziehe, die mir der Schäfer reicht. Drei Kilometer ist die Strecke lang. Drei Kilometer, auf denen uns viel Unvorhergesehenes begegnen kann. Dem Schäfer ist keine äußere Anspannung anzumerken, für ihn ist das Routine. Die Schafe werden von der alten Weide erst mal auf eine kleine Grünfläche gelassen. Kemmy-Abby, die schwarz-weiße Border-Collie-Hütehündin, trägt ebenso wie wir eine knallgelbe Warnweste und treibt die Tiere bereits Richtung Freifläche. Eng beieinander stürmen die Schafe jetzt durch das offene Tor. Sie drängeln ein wenig, beginnen zu Mähen, ihre Glöckchen klingeln lautstark an den Hälsen.

Mich erstaunt, dass sie so dicht zusammenbleiben, als wollten sie sich nicht alleine lassen, sich gegenseitig beschützen, irgendwie Mut zusprechen. Die Schafe verfallen in eine Art Trab. Im Auslauf verteilt sich die Gruppe, kommt vor der Umkoppelung zur Ruhe. Weiße Punkte auf Wintergrün. Sie senken sofort ihre Köpfe und beginnen zu fressen. Satt sollen sie sein, denn wenn sie pappsatt sind, laufen sie besser mit und zupfen nicht an jedem frisch gepflanzten Busch im Vorgarten der neuen Nachbarn oder dem neu gesäten Getreide auf dem Acker. Kemmy-Abby umläuft die Herde immer und immer wieder. Mal links, dann wieder rechtsherum. Sie lässt kein Tier aus den Augen, reagiert auf jede minimale Geste und den Zuruf des Schäfers. Faszinierend, wie sie alle in Schach hält.

Für den Umzug werden Positionen verteilt. Der Schäfer läuft vor der Herde und führt sie. Er strahlt Ruhe aus, hat Erfahrung und seine Sicherheit überträgt sich auf die Tiere. Er schaut nach dem Verkehr oder Hundebesitzern, die ihren Haustieren an diesem Samstag leinenfreien Auslauf schenken wollen und damit vielleicht eine Gefahr für uns werden könnten. Meine Aufgabe wird heute sein, eine Art menschliche Leitplanke zu bilden. Seitlich die Schafe zu flankieren, sie aus den Vorgärten zu treiben und aufzupassen, dass die Hörner der Zackelschafe nicht mit dem Lack der parkenden Autos in Berührung kommen. Und wer bildet hinten den sicheren Abschluss? Wer hat den Überblick, dass kein Tier zurückbleibt, alle mitlaufen und zusammenbleiben? Das macht der junge Schäfersohn. Ein Schüler der Mittelstufe, der seinen Vater, den Schäfer, so oft es geht am Wochenende unterstützt. Ein richtiges Dorfkind. Er engagiert sich bei der freiwilligen Feuerwehr, kann Ziegen mit der Flasche großziehen und hat den Schalk im Nacken. Er liebt die Natur und schüttelt über uns Städter den Kopf, lacht dabei viel und herzlich über sein ganzes jugendliches Gesicht. Draußenjunge.

Nach etwa fünf Minuten verlassen wir den Auslauf, wir lassen die Weide hinter uns und folgen einem Feldweg. Ich laufe an der Seite und fühle mich vom Ruf des Schäfers »Auf geht es, Freunde!« seltsamerweise auch angesprochen. Wir gehen los und ich bin dabei. Mein Herz hüpft, ich strahle.

Unser Ausflug beginnt langsam, dann wird die Herde immer schneller. Dass Schafe so ein rasantes Schritttempo an den Tag legen, überrascht mich. Ich packe das Handy schnell ein, ein Selfie mit Herde kann ich jetzt wirklich vergessen. Ich muss mithalten, mich auf die gestellte Aufgabe konzentrieren. Schon laufen zwei Muttertiere weit raus auf den Acker. Ich hinterher. Mein Atem pumpt heftiger. »Du bist die Leitplanke, Bärbel«, denke ich noch, während meine Gummistiefel in der bräunlichen Matschepampe versinken, ich hektisch mit den Armen rudere und versuche, die Tiere zur Herde zurückzuführen.

Der Schäfer nähert sich schon der kleinen Gabelung auf dem

Feldweg und ich stapfe noch immer auf dem Ackerland herum. Ich will hier nicht beim ersten Einsatz als Loserin dastehen. Mit großen feuchten Dreckklumpen an den Schuhen haste ich auf den Feldweg zurück, das macht das Schritthalten nicht einfacher. Hüpfend versuche ich den Matsch im Laufen an dicken Grasbüscheln abzustreifen. Meine Wangen glühen, ich gehe, gehe schneller, beginne immer wieder kurze Strecken zu laufen, um Schritt zu halten. Will die Herde nicht verlieren. Ich lasse mich hier doch nicht von Schafen abhängen. Immerhin hatte ich in meiner Bremer Grundschule Bestzeiten im 100-Meter-Sprint! Gut, ist auch schon etwas her.

Sobald ich locker anlaufe, traben die Schafe noch schneller als ich. Das gibt es doch nicht, was haben die für ein Problem? Es kommt einfach keine Ruhe in meinen Schritt. Ich versuche mittig auf Höhe der Herde zu bleiben. Unter keinen Umständen will ich meine Position verlassen. Ich gebe mir Mühe, meinen Atem zu kontrollieren. »Brauchst du Sauerstoff?«, ruft mir der Jungschäfer lachend von hinten zu. Ich setze die Wasserflasche an den Mund und winke ab. Gar nicht so einfach, die Umweidung, jedenfalls schwerer als ich gedacht habe. Plötzlich falle ich erneut zurück, bin auf Augenhöhe mit dem Jungschäfer. Der lacht schon wieder, deutet nach vorne. Ich sprinte zurück auf meine Position und sehe, dass der Feldweg gleich endet und direkt auf die Frontreihe eines Neubaugebiets mit Doppelhaushälften zuläuft. Die Herde behält das Tempo bei, es wird kein Zwischenstopp eingelegt. Die Tiere werden direkt in die verglasten Hauseingänge traben, denke ich noch, als auf meiner Seite schon einige Merinoschafe die Vorgärten betreten und dort köteln. Ich schlage die Hände über dem Kopf zusammen. Sie zupfen am Rollrasen, doch der schmeckt ihnen nicht, sie verlieren das Interesse. Ich schwitze im Nacken und schaue schon wieder in die Augen des Jungschäfers. Der gibt mir jetzt grinsend ein Zeichen, als ob er sich eine Sauerstoffmaske an den Mund halten würde. Er deutet erneut nach vorne auf meine Position. Ich ärgere mich über meine miese Performance.

Die Schafe laufen weiter, bimmeln sich lautstark durch die Vorortidylle. Küchengardinen und Kinder auf Laufrädern werden zur Seite geschoben. Anstatt den Feldweg dafür zu nutzen, scheinen die Schafe ihren Toilettengang extra für die Vorgärten und Eingangswege mit den großformatigen Briefkästen aufgehoben zu haben. Da das den Schäfer nicht tangiert, versuche auch ich mich zu entspannen. Er geht stramm voran. Erst als eines der Zackelschafe mit einem seiner langen gedrehten Hörner kurz an einem breitmaschigen Vorgartenzaun hängen bleibt, schreitet er ein.

»Freunde, nicht mehr weit. Hiiiiiier entlang«, dringt es von vorne zu mir durch. Zwei Schafe drehen sich kurz mit einem Schulterblick zu uns um und versuchen dann einen Ausbruch. Wir dürfen in unserer Aufmerksamkeit nicht nachlassen, müssen nah dranbleiben, denn die Herde ist das Kapital des Schäfers. Ich schwitze in meiner Skiunterwäsche und der winterwarmen Daunenjacke. Die Herde bleibt dicht zusammen. Der Ausbruchsversuch der beiden Schafe war eher schwach, sie sind an einem Jägerzaun gescheitert. Auch die Ziegen sind bei der Umweidung dabei, der Jungschäfer kennt sie alle mit Namen. Sie zupfen links und rechts am Straßenrand das Grün ab. Wie hungrig kann man sein?

Einige der Ziegen beginnen jetzt zu bummeln, aber nur so lange, bis Kemmy-Abby ihr Zurückfallen bemerkt. Sie ist die ungekrönte Königin des Umzugs. Diese Hündin macht das vier- bis fünffache an Strecke wie wir. Wer als Schäfer seinen Hütehund nicht im Griff hat, kann seine Tiere in Gefahr bringen, sie verunfallen, gehen schlimmstenfalls verloren. Sie gibt in jeder Sekunde hundert Prozent, sie lässt sich von nichts ablenken, von nichts irritieren. »Abby, *lay down*«, ruft der Schäfer. Abwarten. Die Hündin hat Kondition. Ich überlege, welchen Fitnessplan ich wohl einhalten müsste, um mit meiner mauen Fitness an ihr Level anzuknüpfen. Dabei scheint sie nicht mal stolz auf ihre Performance zu sein: sie macht einfach ihren Job. Und den macht sie weltmeisterlich, finde ich. Mein *Messi* aus Rodgau.

Das Tor zur neuen Weide, gleich gegenüber der Seniorenresidenz, steht erwartungsvoll offen. Der Schäfer steuert schnurstracks darauf zu. Die Tiere erkennen die Weide und galoppieren durch das Gatter. Vor ihnen hektarweit frisches Gras. Eine Weidefläche, die linksseitig von Anwohnergärten begrenzt ist, an zwei Seiten starke Verbuschung und Heckenbewuchs ausweist und an der vierten Seite durch einen kleinen Flusslauf begrenzt wird. Wir sind angekommen. Legen die Schafmineralien aus. Die Salzlecksteine stärken durch das Natrium die Muskeln und die Nerven. Die Wassertanks sind bereits vom Schäfer befüllt worden, der Zaun steht auch schon.

Ich habe meinen ersten Umzug mit der Herde erlebt. Vielleicht sollte ich wieder regelmäßig Laufen gehen, denke ich, als der Schäfer mir die Warnweste abnimmt. Lächelnd schaue ich zu, wie die Tiere sich in einzelnen Grüppchen auf der Weide verteilen. Stehen die etwa mit ihren besten Freundinnen zusammen? Das muss ich den Schäfer an einem der nächsten Samstage unbedingt fragen. Jetzt geht der Schäfer aber erst einmal mit seinem Sohn zum Mittagessen zu seinen Eltern. Und auch ich fahre nach Hause. Alleine laufe ich die drei Kilometer noch mal zurück. Dummerweise steht mein Auto am Ausgangspunkt der Umkoppelung.

Weidefrieden in einer brodelnden Welt

GUTE GRÜNDE FÜR
DIE SEHNSUCHT NACH IDYLLE

Es ist wieder ein neuer Samstag und ich habe Frankfurt heute früh mit einem Kaffeebecher in der Hand verlassen.

Ich freue mich auf die Tiere, die selten böse sind, eher ehrlich und echt. Liebenswürdig. Nun stehe ich vor dem Jungschäfer, ziehe meine Arbeitshandschuhe und Gummistiefel an und beobachte ihn mit seiner Säge.

Der Sohn des Schäfers liebt seine Säge. Sie ist klein, das Sägeblatt blitzt und glänzt im diffusen Frühlingslicht. Sie ist sehr scharf und ruht in einer flachen Ledertasche an seinem Gürtel. Er gibt sie ungern aus der Hand. Und wenn er sie benutzt, sägt er mit Freude und Sachkenntnis. Einfach mal drauflossägen, wie auf dem Polterabend einer Hochzeit, das geht gar nicht. Gesägt wird mit Bedacht, Obacht, Struktur und unter der Aufsicht des Senior-Schäfers.

Der Sohn klettert geschickt bis in die Astkronen, geübt und flink. Naturbursche, schießt es mir durch den Kopf. Welches Stadtkind hat noch einen Kletterbaum und darf bis ganz oben rauf, ohne dass die Helikoptermutter schon von unten ruft: »Kevin-Marvin, Achtung, nicht fallen!«?

Jetzt stemmt er seine Füße in eine Astgabel und auf einen dicken Zweig, vertraut, dass dieser sein Gewicht hält. Er setzt die Säge an, schaut, in welche Richtung der Ast fallen wird, sägt und warnt uns, bevor dieser unter lautem Krachen auf den Boden fällt. Er trennt das morsche Holz vom Stamm. Nur der notwendigste, der abgestorbene oder weit auf die Weidefläche überhängende Bewuchs kommt mit seiner Säge in Kontakt.

Im nächsten Jahr, wenn er alt genug ist, will er seinen Kettensägenschein machen, um nicht nur die Äste, sondern auch ganze Bäume fällen zu können. Wie sein Vater heute. Den knallorangen Schallschutz auf den Ohren befüllt er die Kettensäge mit Benzin, zieht am Starter und beginnt mit der Arbeit. Noch sind keine Knospen und frühlingszarten Blätter an den Zweigen, noch darf man ganz offiziell sägen und Bäume fällen. Aber es sind jetzt zwei Wochen vergangen seit der Umweidung, und langsam spürt man den Jahreszeitenwechsel schon. Auf scheuen Sohlen schleicht sich zaghaft der Frühling an. Bis Ende Februar müssen wir mit dem Baumbeschnitt fertig sein, danach beginnen der Austrieb und der Nestbau für die Vögel, dann ist Schluss mit Sägearbeiten.

Ich stehe unter dem Baum und ziehe die dicken, dünnen, langen und kurzen abgesägten Äste über die ganze Fläche der Weide bis zum Waldrand. Dabei hinterlasse ich eine Spur aus Laub und aufgewühltem sandigem Boden. Die ersten Male gehe ich zügig, greife beherzt die Stämme, mit den freien Fingern schnappe ich mir noch die kleinen Zweige. Bepackt wie eine gut getarnte Vogelscheuche ziehe ich los. Im Laufe der Stunden merke ich, dass meine Oberarmmuskulatur brennt und winzige Holzsplitter in meinen Fingerkuppen stecken. Meine Schritte werden langsamer, schleppender. Ich mache weiter, denn aufgeben oder abbrechen kommt nicht infrage.

Die dickeren Stämme zersägt der Sohn nochmals, und wir stapeln Brennholz. Ich habe kein Gefühl mehr für die Uhrzeit, die Arbeit hier muss erledigt werden. Es ist enorm viel, der nächste Winter kann kommen.

Überall kommt wieder Licht auf die Weide. Wir kappen auch die Brombeerbüsche. Brombeeren stehen für Sukzession, sie sind die ersten Vorboten der Wiederbewaldung. Pro Jahr arbeiten sich diese umtriebigen Pflanzen an die zwanzig Zentimeter weiter in die Weidefläche hinein. Auf zehn Jahre hochgerechnet ist das einiges an Nutzfläche und Artenvielfalt, die dem Schäfer verloren gehen. Die Generation seiner Eltern und Großeltern hat ordentlich geschafft, sich aber nicht so stark wie er auf die Nachpflegearbeiten, den Rückschnitt, konzentriert. Darauf war kein Fokus, wenn etwas zu sehr wucherte, haben sie gleich alles komplett und radikal entfernt. Hecken sind aber ein guter Rückzugsort für Igel, Grasfrösche, Erdkröten, Insekten und andere Kleinsttiere.

Im Schutz der Brombeere wachsen schnell Birken und Weiden. Ihre Dornen sind ein natürlicher Bissschutz für die jungen Bäumchen, da gehen die Schafe nicht dran. Sobald die Bäume heranwachsen, wächst in ihrem Schatten kein Gras mehr, so geht weitere Weidefläche verloren. Deshalb schneiden wir das Gestrüpp zurück, um das stetige Zuwachsen der Weide zu vermeiden. Würde der Schäfer den Wildwuchs nicht regelmäßig zurückschneiden, wäre dieses Gelände irgendwann für die Herde nicht mehr zugänglich. Seit der letzten Eiszeit gab es in unserer Region fast nur Buchen- und Eichenwälder. Eichen sind ausdauernde und robuste Pflanzen, Buchen toppen das, sie setzen sich sogar am wasserarmen Edersee noch durch. Birken dagegen sind die Pionierpflanzen der Sukzession, sie wachsen viel schneller als Eichen und treiben die Bewaldung voran. Die Nachpflegearbeiten, wie diese Schnittmaßnahmen genannt werden, sind von den jeweiligen Naturschutzbehörden der Region genau geregelt, ab und zu gibt es mit dem Schäfer auch eine Abschlussbegehung.

Ich schaue über die Weide und denke, dass Schafe definitiv die besseren Rasenmäher sind. Sie düngen den Rasen beim Abgrasen gleich mit, da kann ein lärmender Benzinmäher nicht mithalten. Der ist nervig laut, wohingegen die Anwesenheit von Schafen in der Nachbarschaft bestimmt einen positiven Einfluss auf das Wohlbefinden der Menschen hat. Als Balkonbesitzerin kommt für mich allerdings leider weder ein Schaf noch ein hochmotoriger Mäher infrage.

Die Brennnesseln lassen wir stehen, die Ziegen werden sie mit Genuss fressen. Ich bin froh, dass ich Handschuhe trage, sonst würden meine Handrücken so zerschunden aussehen, als hätte ich mit einer angriffslustigen Katze gerangelt. Später werde ich Rücken haben, das ahne ich schon jetzt. Es ist physisch anstrengend, sich zu bücken, wieder und wieder, die dicken Zweige mit ihren Verästelungen hinter sich herzuziehen. »Nicht-schafige Arbeiten erledigen«, so nennt das der Schäfer. Dazu gehört: Holzhacken, Bäume schneiden, Bäume pflanzen, Rasen säen, Nachmähen, Reparaturarbeiten, Zäune und Pferch aufbauen, Kameras installieren, die Maschinen für die Heuernte vorbereiten.

Mir wird bei all diesen Tätigkeiten immer wieder klar, wie viel ich in meinem Alltag sitze. Ab und zu streikt mein tief liegender Gesäßmuskel, der Piriformis. Er quetscht den Ischiasnerv ein und verursacht enorme Schmerzen. Stoßwellentherapie und Massagen helfen dann, den verspannten und eingeengten Muskel zu lockern und die Schmerzen zu lindern. Das Beste allerdings ist Bewegung, denn Sitzen ist bekanntlich das neue Rauchen. Wir Schreibtisch-Mitarbeiter*innen sitzen, sitzen und sitzen. Da nützt auch kein Gang zur Kaffeemaschine alle dreißig Minuten, wir werden die Krankenkassen in den kommenden Jahren sehr viel kosten, weil wir uns zu wenig bewegt haben. Auf meiner Arbeitsplatz-

Wunschliste steht schon länger ein Stehpult, bis ich das habe, gehe ich zum Sport, Schwimmen und Yoga. Doch hier draußen stärke ich meine Rückenmuskulatur auf ganz natürliche Weise. Mein Körper wird sich hoffentlich verändern im Lauf der kommenden Monate, drahtiger, fitter werden.

Vor mir liegen schon wieder Äste. Wie schnell kann ein Landjugend-Teenager sägen? So schnell geht das sonst nur in der Medienbranche, dass man dir den Ast absägt, auf dem du gerade moderierst. Ich schaue in die lichter gewordene Baumkrone, sehe den jungen Schäfersohn erneut die Säge ansetzen und versuche die letzten Zweige ohne allzu lautes Schnaufen wegzutragen. Würde mich dieser behände kletternde Jugendliche vom Land keuchen hören, wäre mir das auf sonderbare Weise unangenehm. Ich habe mich nicht fürs Anpacken beworben, um dann röchelnd mit Schnappatmung daneben zu stehen. Allerdings habe ich mein physisches Aufbauprogramm für das Schafejahr wohl unterschätzt, irgendwie hatte ich immer nur das Streicheln der Tiere im Kopf. Im Rückblick ein bisschen naiv.

Manchmal, wenn wir genug gesägt haben, nehmen wir die langen Äste und bekämpfen uns. *En garde!* Stockkampf auf der Weide statt Yoga in der Stadt. Wir bedrängen uns kichernd bis zum Rand der Weide, schlagen zu, die dickeren Zweige krachen aufeinander, wir lachen, der Sohn gewinnt.

Bald darauf sind die Außenarbeiten abgeschlossen. Es ist Anfang März, die ersten Bärlauchbüschel kämpfen sich durch den feuchten Waldboden, Forsythienknospen wollen den Frühling einleiten. Eine Zeit des Neubeginns, eine wunderschöne Zeit. Zumindest, wenn man nicht allzu weit in die Ferne schaut.

Während mein Leben durch die Stunden auf der Weide ruhiger und friedlicher wird, weil ich die Klarheit der Arbeiten hier schätze und das Zusammensein mit den Tieren, ist die Welt insgesamt plötzlich sehr viel komplizierter und leider auch brutaler geworden. Seit anderthalb Wochen ist Krieg in Europa. Bei meinem nächsten Besuch beim Schäfer merkt man nicht viel davon, die Schafe wissen nichts vom Angriff Russlands auf die Ukraine. Sie grasen weiter friedlich auf der Weide.

Es verändert sich etwas in mir durch die Kilometer weit entfernten Kampfhandlungen. Es ist dieser ziehende Schmerz der Erkenntnis, dass auch der Raum, den ich bewohne, der Ort den ich liebe, eines Tages angegriffen werden könnte. Hier wird es Frühling, die Natur will ihre Kräfte und Schönheit selbstbewusst demonstrieren, und in der Ukraine sitzen die Menschen schutzsuchend in U-Bahn-Schächten. Was für ein Widerspruch. Alles zeitgleich, alles auf unserem Planeten. Lebensbrüche haben so viele Ursachen, ob Pandemie, ein kriegerischer Konflikt oder der Verlust eines geliebten Menschen.

Ich lebe nicht in Kiew und nicht in Butscha, aber auch bei uns sind die Zeiten noch ungewisser geworden. Energiekrise, Klimakrise, Inflation. Der Kanzler hat seine »Zeitenwende«-Rede gehalten und hundert Milliarden Euro als Sonderetat für die Bundeswehr freigegeben. Wir hatten seit Jahrzehnten keinen Krieg in Europa, eine große Leistung der politischen Diskussionen, des gemeinsamen Friedenswillens und der länderübergreifenden Kompromissbereitschaft. Doch nun geht eine neue Angst um.

Während ich auf der Weide stehe, ziehen junge Menschen in den Krieg. Väter küssen ihre Kinder, Paare liegen sich weinend in den Armen. Männer, die in der letzten Woche noch als IT-Spezialisten, Marketingexperten oder Lehrer in der Ukraine gearbeitet haben, kämpfen für Demokratie, Unabhängigkeit und Freiheit. Viele Menschen in Deutschland räumen Zimmer leer und nehmen Flüchtlinge des Krieges auf, Mütter, Kinder. Die Bäume werfen lange Schatten. Kommt der Krieg auch zu uns? Zu mir? Immer näher nach Europa?

Es ist ein unbändiger Schmerz, gepaart mit einer Wut über die Sinnlosigkeit und Ungerechtigkeit dieses Angriffs. Werde ich das Jahr beim Schäfer durchziehen können? Welche Welt verschwindet hier vor unseren Augen? Wie schnell das alles gehen kann, ein Stromausfall, Schutzsuchende in U-Bahnschächten, der Abbruch des geregelten Alltags. Es passiert vor unseren Augen, es könnte auch bei uns geschehen, oder nicht?

Ich springe zwischen meinem redaktionellen Alltag mit den Kriegsnachrichten und der ahnungslosen Herde hin und her und manchmal schaffe ich es nicht, diese beiden Welten gleichzeitig auszuhalten, die Berichte über die grausamen Zerstörungen einerseits und den Weidefrieden andererseits. Das Durchatmen in der hiesigen kriegsfreien Stille beschämt mich fast ein wenig.

Die Glöckchen der Herde klingeln in einiger Entfernung, ich nehme sie wahr wie einen zarten Tinnitus. Was macht das Wissen über die Gewalt, die Toten, mit uns? Und auch in der Natur sehen wir uns gerade dem Verschwinden des Gewohnten gegenüber, erkennen die neuen Gefahren. Gletscher schmelzen, die Weltmeere übersäuern und sind voller Plastikinseln, sogar in unserer Nahrung findet sich Mikroplastik. Die Lichtverschmutzung in den Städten, durch die nachtaktive Tiere nicht zur Ruhe kommen. Das Verstummen über den Baumwipfeln, das Schrumpfen der Insekten- und Vogelschwärme.

Mein Herz ist schwer. Wie betrauern wir diese Verluste? Wo sind wir dabei die Täter? Welchen positiven Beitrag können wir bei all dem leisten? Wie ein Pfeil trifft mich die Angst mitten ins Herz, das wir so vieles schon nicht mehr retten können. Wie lange wir weggesehen, geschwiegen, einfach weitergemacht haben!

Und nun stehe ich auf dieser Weide und ihre einfache Schönheit berührt und tröstet mich. Natur kann mir Trost spenden, ich habe sie schon nach dem Unfalltod meines Bruders als Kraftquelle genutzt. Nur noch einige wenige Wochen, dann blühen hier die Gräser, die Weidenkätzchen und die Forsythien leuchten gelb.

Ich versuche einfach weiterzumachen, mich auf meine Arbeit zu konzentrieren. Und gleichzeitig denke ich: Wir sind Glücksmenschen. Manchmal braucht es aber unseren Einsatz, unsere Zuversicht und Tatkraft, um das Glück, das uns umgibt, zu schützen. Um auch anderen Menschen ein bisschen von diesem Glück abzugeben. Es wird viel über Verzicht gesprochen in diesem Jahr. Als wäre das nur etwas Schlechtes! Ohne Verzicht wird es nicht gehen, und vielleicht tut er uns ja auch ganz gut. Weniger wollen, einfacher leben, um dann wieder stärker im Einklang mit der Natur zu sein.

Ich finde eine neue Befriedigung darin, den Schutzraum für die Schafe zu pflegen, mich für einige Monate im Windschatten des Schäfers darum zu kümmern, wenn auch sporadisch. Jeder Tag ist ein Tag, den es zu leben und an dem es zu handeln gilt. Vielleicht beginnt Veränderung schon im Kleinen. Unser Handeln hat Auswirkungen auf die Zukunft, positive und negative. Gilt es dann nicht jeden Tag in diesem Bewusstsein zu leben, sich tagtäglich an den eigenen Werten zu messen?

Care-Arbeit auf der Weide
VON SUPERMOMS, BIESTMILCH UND EGO-BÖCKEN

Der Nachtfrost ist vorbei, die Tage werden länger. Bäume und Büsche treiben aus. Ein zarter hellgrüner Flor junger Blätter legt sich über das Land und färbt es in der Farbe der Hoffnung. Es ist Ende März. Endlich Frühling, und bei Mensch und Tier kribbeln gleichermaßen die dazugehörigen Gefühle. In Straßencafés werden Sonnenschirme aufgespannt, Bänke rausgestellt und das erste Eis des Jahres verkauft. In den Grünanlagen leuchten die Krokusse in Gelb und Lila. Aufbruch, Neuanfang liegt in der Luft. Wer Single ist, legt sich spätestens jetzt ein Tinder-Profil an. Der Frühling lädt alljährlich zum Verlieben ein.

Schafe tindern nicht, aber sie haben trotzdem Sex. Sie verstehen auch ohne digitale Unterstützung die paarungsbereiten Signale ihrer Artgenossen. Bei uns Menschen ist das nicht immer so einfach mit der Deutung des Zuneigungsgrads. Er will, sie aber nicht. Oder nur vielleicht. Sie will dann doch, jetzt schreibt er nicht zurück. Sie wartet, schreibt ihm erneut, er ist bereits zur Nächsten weitergezogen. Oder er will sofort Nachwuchs, sie will ihre Eizellen erst mal einfrieren und sich die Welt anschauen. Oder sie will Kinder, aber er hat schon zwei von anderen Partnerinnen und das reicht ihm. Auch beliebt: Er will gerne noch mal von vorne anfangen, sie braucht noch Zeit. Hilfe! Beim Thema Partnersuche ist der Status häufig kompliziert.

Bei den Schafen ist der Schäfer der Matchmaker, und er beginnt bereits im Herbst mit der Anbahnung. Das Alter der Tiere, die Rasse und die Muttereigenschaften spielen bei seiner Nachwuchsplanung eine Rolle. Und die alljährliche Frage, wie viele Lämmer er verkraften kann. Wie groß muss die Lammbox sein, in der die Mutter ihr Kleines gebären und in der ersten Zeit mit ihm leben wird, bis es richtig trinken und laufen kann? Was kann er tun, wenn ein Mutterschaf sein Neugeborenes nicht annimmt? Wir Frauen planen ja in puncto Schwangerschaft in der Regel auch alles bis ins winzigste Detail, es sei denn wir wundern uns nach Karneval, einer kurzen Affäre oder dem One-Night-Stand, warum die Tage ausbleiben. Solche Zufallsbegegnungen mag der Schäfer gar nicht. Er muss und er will planen. Es geht um die Größe der zukünftigen Herde, die Weidefläche, Umsatz- und Futterplanung. Nach einer spontanen *Amour fou* auf der Weide sind also nur wenige Lämmer entstanden.

Letztendlich entscheidet aber die Schafsdame, ob sie den Bock ranlässt oder nicht. Auch bei Tieren gibt es Zurückweisung. Alter, Größe, alles könnte passen, denkt sich der Schäfer, aber das Schaf schaut den Bock an, verbringt einige Stunden mit ihm im Pferch und gibt ihm dann einen Korb, keiner weiß warum. Zuneigung spielt auch bei Schafen eine Rolle. Das ist bei uns Menschen doch nicht anders, vorausgesetzt wir paaren uns nicht unter Einfluss von zu viel Alkohol. Im besten Fall empfinden wir Sympathie, Interesse, Lust oder sogar Liebe für die Person, mit der wir unser Bett teilen. Hat das Schaf eine Abneigung gegen die Wolle oder den Geruch des paarungsbereiten Bocks? Wirkt der Bock uncharmant, gar ungepflegt auf sie? Wir werden es nie erfahren, ihre schönen blassrosa Schafslippen bleiben versiegelt.

Wenn es aber gefunkt hat, dann müssen die zwei auch nicht viel reden. Sie tun es einfach. Und sie tun es in den Vereinsfarben des Regionalligisten FC Gütersloh. Alle versierten Fußballfans wissen natürlich, es handelt sich um die Farbkombination blau-weiß-grün. Wie es dazu kommt, dass die beiden beim Sex eingefärbt sind wie auf dem bunten indischen Holi-Fest? Weil der Schäfer schlau ist. Er hat die Bauchunterseite des Bocks mit blau-grünen Farbstreifen deutlich markiert. Kommt dieser nach Sonnenuntergang seiner Auserwählten auf der Weide näher und reibt sich an ihr, färbt die Farbe auf ihrem Rücken ab. Quasi ein schafiges Rubbellos. Die frische Farbe auf ihrer Wolle verrät das Tête-à-Tête am nächsten Morgen. Die Schafe schweigen und genießen, der Schäfer ist trotzdem diskret über den Vorgang informiert.

Sein Fokus liegt auf dem Trächtigkeitskalender, den er mit der Information des Fortpflanzungsdatums füttern kann. Schafe und Ziegen tragen jeweils einhundertfünfzig Tage ihren Nachwuchs aus. Einziger Unterschied: Ziegen haben alle 21 Tage ihren Eisprung, Schafe alle zwei Wochen. Mit der Sommersonnenwende, wenn die Tage wieder kürzer werden, beginnen die Schafe mit den unkopierten Schwänzen zu wedeln, als wollten sie Fliegen vertreiben. Wenn Schafe so wedeln, sind sie heiß. Sie wedeln und wedeln, so wie wir uns parfümieren, den Eyeliner nachziehen, das Outfit wechseln, wenn wir Attraktivität ausstrahlen wollen. Sie meckern jetzt auch viel mehr und jeder Bock kann ihre Läufigkeit riechen. Die angehenden Mutterschafe sind in dieser Phase nicht rollig oder heiß, sondern »bockig«. Sie signalisieren durch das Wedeln ihres wolligen Schafschwänzchens: Leute, ich bin bereit Nachwuchs zu empfangen. Jungböcke, die erst im März das Licht der Welt erblickt haben, könnten sie bereits im November decken. Das heißt, der Schäfer muss nun achtgeben, wer sich in der Nähe der bockigen Schafsfrauen aufhält, nicht, dass sich der Falsche rantraut.

Schafe können theoretisch ein Leben lang schwanger werden. Keine tickende biologische Uhr wie bei uns Frauen. Keine Schwiegermutter, die immer wieder fragt: »Und, wann kann ich denn endlich mit dem Stricken beginnen?« Keine Menopause, kein Abfall des Östrogens – trotzdem werden auch Schafe selten im höchsten Alter trächtig. Es macht keinen Sinn, wenn das Muttertier zu alt, der Körper zu schwach wird und sie nicht mehr genug Milch für den Nachwuchs produzieren.

Im Jahr 2022 hat der Schäfer fünf Schafe gedeckt, 2023 waren es dreiundzwanzig Muttertiere. Der Schäfer legt den Trächtigkeitskalender nicht gerne aus der Hand. Darin steht genau, welches Schaf er wann, von welchem Bock hat decken lassen. Die hellen Merinoschafe sind asaisonale Schafe und können drei Mal innerhalb von zwei Jahren gedeckt werden. Seine Zackelschafe sind saisonale Muttertiere und tragen im Frühling die Lämmer aus. Mit dem Kalender in der Hand rechnet der Schäfer die fruchtbaren Tage, den Eisprung und die Geburten genauestens aus. Es ist sein Geschäft und spätestens zu Ostern sollten die Lämmchen der Zackelschafe planmäßig da sein. Schafe bringen keine Frühchen zur Welt, der Nachwuchs kommt pünktlich. Kein Schaf wälzt sich noch zehn Tage nach dem errechneten Geburtstermin mit einer riesigen Packung Walnusseis auf der Weide herum. Natürlich gibt es auch an den Tieren selbst Anzeichen für die sich abzeichnende Schwangerschaft, sollte der Trächtigkeitskalender mal verloren gehen. Der Profi betrachtet die Zitzen, der Euteransatz schwillt an. Bei den Ziegen kann man sie gut einsehen, bei den Schafen ist das durch die Wolle immer etwas schwerer.

Ist die Geburt überstanden und es klappt alles gut, nimmt das Mutterschaf das Lamm an. Das sind Schafe mit fürsorglichem Mutterinstinkt, die gerne in der Zucht verwendet werden. Das Muttertier leckt das Lamm direkt ab und beschnüffelt es. So bauen die beiden eine erste Verbindung miteinander auf. Der Schäfer muss auch darauf achten, dass die Nachgeburt rauskommt, sonst kann es Entzündungen, innere Blutungen oder Vereiterungen geben, die das Muttertier das Leben kosten kann.

Manchmal, und das hat mich sehr berührt, schaut die »Schafsoma« immer wieder vorbei, ganz diskret prüft sie, ob die Tochter und der Nachwuchs auf der Weide klarkommen. Es gibt eine deutliche Zuneigung zwischen der Oma, der Schafstochter und den Enkeln. Sie helfen sich, und der Schäfer lässt sie oft zusammen, damit sie aufeinander aufpassen. Sie geben sich schafigen Familienschutz, vertrauen, bestärken und beruhigen sich gegenseitig. Erkrankte Tiere sind deutlich ruhiger, etwa bei der Fahrt zum Tierarzt im Transporter, wenn ein anderes Schaf aus der Verwandtschaft dabei ist. Uns Menschen geht es doch nicht anders, auch ich freue mich bei Krankheit über die frisch gekochte Hühnersuppe meiner Mutter oder ihren Käsekuchen.

Am allerwichtigsten ist, dass das Lamm trinkt, die Mutter es trinken lässt. Über die Milch nimmt das Schafskind den Geruch der Mutter auf. Ganz junge Schafsmütter sind manchmal etwas überfordert, sie wissen nicht, was zu tun ist nach der Geburt. Dann hilft der Schäfer, das Lamm an die Zitzen zu legen, und gibt ihm innerhalb der ersten zwei bis drei Stunden etwas von der Biestmilch, dem Kolostrum, der sogenannten Vormilch. Davon hat der Schäfer nach der Geburt immer ein nahrhaftes Fläschchen parat, für den Fall, dass die Mutter das Lamm nicht annimmt. Diese Milch ist die Lebensversicherung für das Lamm, denn sie enthält viel Fett und wichtige Antikörper.

Erwartet der Schäfer viel Nachwuchs und besteht die Gefahr, dass die Mütter auf der Weide ihre Lämmer nicht wiederfinden, lässt er sie einige Tage in Ablammboxen. Der Pferch ist dann direkt am Hof und hat vier bis fünf Unterteilungen, darin sind jeweils Mutter und Kind untergebracht. In diesem Gehege kann er beständig prüfen, ob alle gut trinken und es keine Verletzungen gibt, ob

Mutter und Kind sich näherkommen, das Muttertier das Lamm annimmt. Die Biestmilch ist die erste Nahrungsquelle für das Jungtier, die einen lebensnotwendigen Kreislauf in Gang setzt: Die Lämmer bilden noch im Mutterleib sogenanntes »braunes Fett«, das in den ersten Stunden nach der Geburt als Energiequelle zur Wärmeproduktion im Körper der Neugeborenen zur Verfügung steht. Dieses braune Fett benötigt aber den Milchzucker aus der Biestmilch, um verbrannt zu werden und so die Körpertemperatur stabil zu halten. Trinkt das Neugeborene nicht innerhalb der ersten fünf Stunden ausreichend Biestmilch, kann es sich nicht mehr wärmen und kühlt mehr und mehr aus, was zu einem lebensbedrohlichen Zustand führt. Neugeborenenunterkühlung nennt das der Schäfer. Wenn alles funktioniert, dürfen die beiden raus auf die Weide.

In den Wochen der Geburten ist der Schäfer sichtlich angespannt. Er schaut auch nachts auf die Weide, kontrolliert, ob die Lämmchen in Ordnung sind. Rast im Notfall mitten in der Nacht mit ihnen zum Tierarzt und lässt die Neuankömmlinge beim Veterinäramt registrieren. Bei der Geburt seines Sohnes hat er in der Aufregung der werdenden Vaterschaft nervös die Hebamme gefragt, wo denn nun das Fläschchen sei? Wann sein Junge endlich seine Biestmilch bekommt? Das passiert eben, wenn man jahrelang Schafsgeburten erlebt hat. Die Hebamme der Kinderstation schaute ihn nur irritiert an.

Zum Glück war ihm aber im Grunde klar, dass es bei seinem Sohn nicht wie bei seinen Lämmern werden würde, sonst wäre die Überraschung groß gewesen: Schafe sind nämlich Nestflüchter und können bereits dreißig Minuten nach der Geburt auf eigenen Beinen stehen, um zu trinken. Ganz anders als unsere Menschenbabys. Probleme beim Stillen kennen aber auch Schafe, wie wir Frauen. Wenn die Lämmchen nur einseitig am Euter saugen, dann entzünden sich die Zitzen auf der anderen Seite des Euters. Die ein oder andere Mutter wird sich an Ähnliches erinnern können.

Als ich mein erstes Lämmchen auf der Weide im Arm halte, bin ich gerührt. Dieser zarte Körper. Ganz still sind wir beide. Es liegt da, so winzig und zugleich so fertig. Es läuft, trinkt und ich kraule versunken die dunklen Minipli-Löckchen. Neues Leben. So schnell gehen die Jahre, ein Wimpernschlag. Eben noch habe ich meine Jungs in den Armen gehalten, sie in den Schlaf gesungen, ihnen Radfahren beigebracht, und heute sind sie Abiturient und Pubertier. Wie gerne würde ich die Jahre anhalten, zurückdrehen. Nicht möglich, die Sommer und Winter rinnen durch mich hindurch, kein Innehalten im Augenblick, nur der Rückblick bleibt auf das Gewesene. Auch dieses Lämmchen wird schnell wachsen und bald schon halbstark mit den anderen Schafen auf der Weide herumtollen.

Die Schafe tragen Nummern am Ohr, auch die Lämmchen werden gechipt. Zwei Markierungen am linken Ohr, ein größeres und ein kleineres Schild. Die Markierung mit den größeren Zahlen sind vom Schäfer selbst, so kann er auf die Entfernung die Nummern schneller ablesen. Die kleineren kann er mit dem Handy scannen. Beim Tierarzt muss der Schäfer für den Empfang von Medikamenten die Nummer angeben, und auch beim Besitzerwechsel, der Schlachtung oder im Fall eines Ausbruchs ist es wichtig zu wissen, zu welchem Besitzer, in welche Region ein Tier gehört.

In der ersten Zeit stehen die kleinen Lämmer mit wackeligen Beinchen neben ihren Müttern auf der Weide. Wie merkt die Schafsmutter eigentlich, dass es ihr Lamm ist, das da gerade hilfsbedürftig schreit? Der Schäfer klärt mich auf: Mutterschafe verlassen sich völlig auf ihr Gehör. Auf der Weide sind Entfernungen größer, als wir Menschen das mit unseren Kindern gewöhnt sind, nur auf ihre Augen kann die Schafsmutter sich da nicht verlassen. Jedes Lamm ruft in einer etwas anderen Tonlage, sodass die Mutter es daran erkennt. Deshalb muss die Bindung zwischen Mutter und Kind funktionieren, sonst überlebt das Lamm nicht.

Immer wieder beobachtet der Schäfer, dass sich die Schafe gegenseitig unterstützen. Hauptsächlich die weiblichen Schafe. Schwestern, Tanten und Cousinen. Wenn das Muttertier frisst, schaut die Tante nach dem Lamm. Die jeweiligen Familienmitglieder kuscheln sich in der Nacht auch aneinander. Spüren Schafe Familienzugehörigkeit?, frage ich mich. Offensichtlich ja. Manchmal trennt der Schäfer die Familien, aber sie finden immer wieder zusammen. Sie geben sich gegenseitig Schutz. Schwächelt eines der Tiere, dann übernimmt eine Familienangehörige und passt auf den Nachwuchs auf, sodass das Lamm nicht zu Schaden kommt. Schafe übernehmen Verantwortung. Jedoch immer nur in der weiblichen Linie gesehen: Care-Arbeit, Gender-Pay-Gap, Alleinerziehende und mangelnde Gleichberechtigung, das scheinen auch bei den Schafen Themen zu sein.

Welche Rolle haben eigentlich die Väter unter den Schafen? Der Bock besucht weder einen Geburtsvorbereitungskurs, noch sind Böcke »co-schwanger«. Die Väter der Lämmer spielen absolut keine Rolle mehr nach der Zeugung. Schafe sind von Anfang an alleinerziehend. Echte Heldinnen sind diese Supermoms! Sie gebären allein, erziehen allein und bekommen von den Böcken null support. Nada. Von ihnen ist keine emotionale Unterstützung zu erwarten. Wahrscheinlich hat der Bock auch noch die beste Freundin und die Cousine in der Herde geschwängert. Das Interesse an seinem Nachwuchs liegt bei null. Er besorgt dem Muttertier weder Futter noch legt er für die Ausbildung der Lämmer frisches Gras auf die hohe Kante. Der Bock beschäftigt sich nur mit dem Bock, damit scheint er ausgelastet. Er erkennt auch seinen Nachwuchs nicht, er sorgt nicht für die reibungslose Eingliederung in die Herde, vermittelt kein überlebenswichtiges Wissen auf der Weide. Raten Sie mal, wer das macht? Richtig: die Schafsmütter leisten die komplette Erziehungsarbeit. Kommt Ihnen bekannt vor? Willkommen bei den Schafen.

Die Schäfer und die anderen Schäfer, Teil 1

GESPRÄCH MIT HOBBYSCHÄFERIN UND PR-MANAGERIN BIANCA

Halten Sie ein Schaf auf Ihrem Balkon? Füttern Sie eine Ziege im Hinterhof? Diese Gedanken erscheinen Ihnen vielleicht absurd, aber vor mehr als hundert Jahren waren sie das nicht. Damals gab es in Deutschland sogar mehr Ziegen in den Städten als auf dem Land. Einzelne Tiere, die als Milch- und Fleischlieferant, als Resteesser oder Zugtier gehalten wurden, Letzteres insbesondere im Ruhrgebiet von den Bergleuten.

Die Ziege galt als »Kuh des armen Mannes«, und damals war Selbstversorgung kein Modethema, sondern oft schlicht eine Notwendigkeit. Auch Gärten wurden damals weniger wegen ihrer entspannenden Qualitäten, sondern wegen ihrer Erträge angelegt – blühen durfte schon was, wichtiger war aber eigentlich immer das Obst und Gemüse. Das war nicht nur in der Zeit der Industrialisierung so, sondern auch nach Kriegen, wenn die Menschen sich in großen Teilen selbst um ihre Versorgungssicherheit kümmern mussten.

Auch auf dem Land hat sich vieles geändert. Es hat Zeiten gegeben, da wäre es uns völlig normal vorgekommen, einen Schäfer mit seiner Herde vorbeiziehen zu sehen, heute ist das ja für viele schon ein seltenes Highlight. Das müsste uns eigentlich wundern: Schließlich spielen schafige Produkte in unserem Alltag immer noch eine große Rolle. Vielleicht düngen Sie Ihre Gartenlaube mit Schafskot, oder Sie wärmt in der kalten Jahreszeit ein Pulli aus Mohair, eine Strickjacke aus Kaschmir.

Man könnte es also für eine durchaus vernünftige Idee halten, dass ich mich mehr mit Schafhaltung befassen möchte. Ratgeber über Hochbeete und Ernte vom Balkon haben ja seit einer Weile auch Konjunktur! Die meisten, denen ich von meinem Plan erzähle, halten mich aber scheinbar für ein bisschen verrückt. Bestenfalls für spleenig.

Von meiner Bekannten Bianca erwarte ich mehr Verständnis. »Ich werde Schäferin«, erzähle ich ihr am Telefon, »jedenfalls auf Zeit.« Sie lacht. Wir haben in den Neunzigern enger in der Fernsehwelt zusammengearbeitet, sie kennt mich also eher im TV-Studio als in Gummistiefeln. Danach betreute sie lange Jahre Prominente in der PR- und Medienarbeit und ist von der Stadt aufs Land gezogen, wo sie sehr abgeschieden im Grünen lebt.

Neben Katzen besitzt Bianca auch eine kleine Herde von sieben Schafen – drei Skudden, zwei Ouessants und zwei Walliser Schwarznasen. Ich rufe sie an, um mein Schafwissen auszubauen und mir vielleicht zusätzliche Tipps geben zu lassen, mit denen ich mich bei meinem nächsten Besuch beim Schäfer hervortun kann. Außerdem bin ich neugierig, warum sich eine Privatperson eine eigene kleine Herde hält. Mich beeindruckt, dass sie sich so auf ihre zahlreichen Tiere einlässt, ihren Alltag und Urlaub danach ausrichtet. Warum sind ihr die Tiere so wichtig? Warum geht jemand so eine langfristige Verpflichtung ein? Wie ist ihr Blick auf Schafe?

Ich möchte mehr über die Menschen wissen, die wie Bianca

Teil der großen »Schafscommunity« sind und ihren Alltag mit diesen wunderbaren Tieren verbringen. Denn es gibt ja nicht nur die professionellen Schäferinnen und Schäfer: Zur internationalen Gemeinschaft der Schafhalter gehören auch Privatleute mit kleineren Herden, und mittlerweile gibt es eine riesige Zahl von Menschen, die rund um das Thema Schafe aktiv bloggen und podcasten. Die Sehnsucht nach dem Leben auf dem Land lässt Likes und Clickzahlen hochschießen.

Auch deren Perspektiven auf das Wirtschaften und Zusammenleben mit den wolligen Zeitgenossen interessiert mich. Vielleicht muss man ja nicht gleich Schäferin werden, denke ich, und bin froh, dass Bianca bereit ist, mir von ihren Erfahrungen zu berichten.

Bianca, ich war erstaunt, als ich gehört habe, dass du dir eine Schafherde zugelegt hast. Wie kam es eigentlich zu dieser Entscheidung, was sind die Schafe für dich?

Nutztiere, das sind meine Rasenmäher. Da ich meine Schafe nicht für den Fleischverzehr nutze, sind sie auch Haustiere für mich. Ich gebe ihre Wolle ab, wenn sie einmal jährlich geschoren werden. Auf Facebook gibt es Gruppen von Interessierten, die filzen zum Beispiel kleine Figuren oder Sitzkissen aus der Wolle meiner Schafe. Ich packe die irre schwere Wolle der Schafe in Umzugskisten und verschicke sie dann per Post. Die Schwere kommt durch die Fettigkeit des Materials. Wenn man da reingreift, braucht man keine Handcreme mehr. Außerdem bemühen wir uns bei der Schur, das Vlies am Stück zu lassen, das ist wie ein Lammfell, nur ohne die Haut. Minderwertige Wollreste sammle ich, die werden dann zu Pellets verarbeitet. Das ist ein guter Pflanzendünger, man hält damit auch gut die Wurzelballen warm und es wächst dann sogar weniger Unkraut.

Scherst du etwa selbst?

Nein. In der Abgeschiedenheit des ländlichen sauerländischen Raums hatte ich aber Probleme jemanden zu finden, der dieses Handwerk noch beherrscht. Ich habe dann einen Aushang in einem Landmarkt gemacht, oder vielmehr haben die Schafe mit einem hübschen Gruppenfoto für sich geworben und glücklicherweise hat sich jemand gemeldet. Ein netter Mann, der nun jährlich zu meiner kleinen Miniherde kommt. Er hat mir die Schermaschine in die Hand gedrückt und es mich auch mal versuchen lassen, aber ich habe damit dummerweise meinem armen Schaf gleich einen tieferen Schnitt verpasst. Das wollte ich nicht und habe es danach auch nie wieder versucht. Die Wolle ist am Ende der Saison einfach so unfassbar dick, dass du nicht siehst wo sie aufhört und die Haut anfängt. Ich jedenfalls nicht.

Und wie macht das der Profi mit der Schermaschine?

Zuerst zieht er den Schafen die Beine weg und setzt sie auf den Hintern. In dieser Position sind sie wehrlos. Er zieht dann die dicke Wolle mit seinen Händen straff nach oben und fährt mit der Schermaschine direkt auf der Haut die Körperkonturen nach. Wahrscheinlich hat man das irgendwann im Gefühl, wenn man die Schur an tausenden von Schafen geübt hat. Mit dem Scheren warten wir meist, bis im Mai die Eisheiligen und im Juni die Schafskälte vorbei sind. Danach stehen die Tiere ohne ihre Wolle auf der Weide und sehen erbärmlich aus. Gerade die kleinen, nur kniehohen Ouessants, die sehen mit ihrer gräulich-schwarzen Haut nach der Schur schlimm aus. Die wiegen ja nicht mehr als ein kleiner Koffer, diese Schafrasse kannst du dir locker unter den Arm klemmen.

Erkennen dich deine Schafe, oder könnte ich nahtlos in dein Haus ziehen und ab morgen deine Tiere versorgen?
Schafe haben eine Nähe zu ihren Besitzern. Empfange ich Besuch, laufen sie zunächst weg und verhalten sich schüchtern. Hast du allerdings etwas in deiner Hosentasche, was sie interessieren könnte, dann nähern sie sich zaghaft. Die kleinen Franzosen sind die Neugierigsten und auch die Cleversten. Die drei Skudden sind sehr scheu und meine beiden Walliser Schwarznasen sind irgendwie nur dösig, sie laufen meist hinterher und oft bleibt auch eins zurück, weil es noch nicht gemerkt hat, dass der Rest schon woanders grast. Meine Schafe flüchten jetzt nicht unbedingt beim kleinsten Anlass, aber meine winzige Herde ist bei Fremden sehr zurückhaltend. Da ich sie täglich rufe und mit etwas Walzhafer aus der Hand füttere, kommen sie bei mir allerdings schnell.

Warum sind die immer so eng zusammen, die Schafe?
Schafe kann man nicht allein halten, das sind keine Einzelgänger, sondern Herdentiere, die Gruppe ist ihr Schutz. Sie können sich allein kaum wehren.

Wie kamst du an deine Schafe?
Keiner geht in eine Zoohandlung und kauft sich plötzlich Schafe. Ich war beim Friseur, 2015 war das. Da bin normalerweise nicht sehr redselig, aber mein Coiffeur erzählte mir beim Haarefärben, er müsse seine beiden französischen Ouessantschafe zum Schlachter bringen. Da hat mich das Bedauern übermannt und als er fragte, ob ich die Tiere nicht übernehmen will, antwortete ich: »Warum nicht!« Ich hatte also innerhalb weniger Stunden eine neue Frisur und zwei kniehohe Tiere in meinem Garten. Nach und nach kamen

alle zwei Jahre die anderen Rassen hinzu. Erst die Walliser Schwarznasen, weil ich mich in ein Foto der Lämmchen verliebt hatte, und danach die Franzosen. Mir war erst gar nicht klar, ob ich die überhaupt zusammen halten kann? Darf ich sie mischen? Vertragen die sich? Professionelle Schäfer haben ja eher nur eine Rasse auf der Weide stehen, oder nicht? Ich hatte viel zu lernen.

Wie bereitet man sich auf den Besitz von Schafen vor?
Es gibt Mietschafe und Patenschafe, die Nachfrage ist in der Pandemie enorm angestiegen. Ich persönlich habe ein Buch über Schafhaltung gelesen, mir noch zwei bis drei Tipps vom Friseur geholt und einen Zaun gezogen, damit die beiden neuen Mitbewohner mir nicht abhauen. Mein Friseur meinte, Schafe seien pflegeleicht und man müsse sich als Besitzerin wenig um sie kümmern. Ich habe Talent für Tiere, sagt man mir nach. Ich hatte immer Hunde, halte mehrere Bienenvölker, und besonders die Wildvögel liegen mir am Herzen. Sechzehn Arten habe ich rund um meine Vogelfutterstation.

Und hatte dein Friseur recht? Ist die Schafhaltung wirklich so einfach, oder gibt es auch knifflige Aufgaben?
Klauen schneiden. Und mehr ist es kaum. Leider ist der Friseur mittlerweile verstorben, deshalb habe ich den Schafen die Namen der Friseurmeister gegeben: Udo und Sacha.

Wo stehen die Schafe bei dir?
Ganzjährig draußen, in einem großflächig eingezäunten Areal. In einem mobilen Unterstand habe ich feste Gehwegplatten ausgelegt, damit die Schafe auf jeden Fall auch in Feuchtperioden festen Untergrund haben. Neben dem Un-

terstand haben sie auch noch eine mit Stroh ausgelegte kleine Holzhütte, da stehen sie gerne drin. Ein richtiger Stall wäre genehmigungspflichtig, da redet das Bauamt ein Wörtchen mit.

Brauchen Schafe immer einen festen Unterstand? Oder könnten die auch einfach ganzjährig auf einer Weide stehen?
Schafsfüße dürfen nicht im Wasser stehen, der Boden darf also nicht zu feucht sein. Ansonsten bekommen Schafe die sogenannte »Moderhinke«. Schafe sind Paarhufer und ihre Klauen muss man gut im Auge behalten. Die Hornhaut wächst, wie bei uns die Nägel. Es bilden sich rasch Hohlräume, wenn man sie nicht regelmäßig schneidet. Da setzen sich dann Bakterien rein und die Füße beginnen in den Hohlräumen zu faulen, das stinkt richtig fies und die Hornhaut wird weich. Die Schafe stehen dann auf ihrem Abszess, sie können wegen der irre starken Schmerzen auch nicht auftreten. Deshalb ist es besser für sie, auch immer mal wieder auf festem Boden zu stehen, dann laufen sie sich die Hornhaut ganz gut ab.

Für welche Krankheiten sind die Tiere noch anfällig?
Die Blauzungenkrankheit. Das ist ein Virus, der von Fliegen übertragen wird. Schafe können auch von Fliegenmaden befallen werden. Nach der Schur bekommen sie deshalb eine milchige Flüssigkeit auf ihre Haut, ähnlich eines Zeckenschutzes. Das Mittel das ich verwende heißt *Butox*, nicht zu verwechseln mit Botox. Eine glatte Stirn ist den Schafen sicherlich egal. Dieser milchige Schutzmantel soll helfen gegen alle Läuse, Haarlinge, Fliegen. Auch ich will dieses Ungeziefer ja nicht in meiner Nähe haben, da ich so nah mit ihnen zusammenlebe. Die Fliegen kriechen durch

kleine Wunden ins Fleisch der Tiere. Ist ein Schaf von Fliegenmaden befallen, zuckt es mit den Muskeln oder beißt sich an der befallenen Stelle, die sich über den ganzen Körper ausbreiten kann. Die Maden fressen das Fleisch bis auf die Knochen auf, das Tier kann daran sterben.

Was denkst du: Warum mögen fast alle Menschen Schafe?
Ich glaube, es ist das wollige Aussehen und ihre Friedfertigkeit. Die Tiere strahlen eine tiefe Ruhe aus und ihre Bewegungen sind nicht aggressiv. Schon im Kindergarten lernen Kinder, Schafe zu malen. Und dann ist da ja auch noch unser Wortschatz, der unsere Wahrnehmung von diesen Tieren prägt: Schäfchen zählen, treudoofes Schaf, lammfromm, Wolf im Schafspelz, Schafe hüten, seine Schäfchen ins Trockene bringen ...

Sind Schafe denn wirklich so treudoof und genügsam?
Sie haben ihre eigene Art von Intelligenz. Meine haben neulich die Erweiterung ihrer Weidefläche gar nicht bemerkt. Ich habe den Zaun versetzt, aber sie sind nicht auf die frische neue Grünfläche gelaufen. Ich bin also mit dem Futtereimer vorgegangen, und sie blieben an der unsichtbaren alten Zaungrenze einfach in einer Reihe nebeneinanderstehen. Als wunderten sie sich darüber, wieso ich durch Zäune gehen kann. Ganz vorsichtig sind sie mir gefolgt, aber auch nur durch das Anfüttern. Schafe begegnen dem Leben nicht kopflos und ungestüm, eher vorsichtig. Am nächsten Morgen standen sie erneut auf der alten Fläche und waren nicht wagemutig, eher zaghaft-ängstlich, das neue Gelände zu erobern. Heute nutzen sie es schamlos aus.

Sind Schafe denn völlig arglos, oder tragen sie auch eine hinterhältige Eigenschaft in sich?

Nein, sie sind tatsächlich friedlich und arglos. Einzig der Waldbauer sieht argwöhnisch auf die Schafe, weil sie die Baumrinden abnagen und der Baum das nicht überlebt. Ein Grund, warum das Muffelwild in der Forstwirtschaft kein hohes Ansehen genießt. Sie lieben die Rinde, zermahlen sie mit ihrer Gaumenplatte. Anders als Rehe, die gerne zarte Knospen knabbern. Das tun die Schafe allerdings auch. Ich würde meine in keinen Ziergarten lassen. Aber dafür hält man sie ja auch nicht. Sie sind Landschaftspfleger, vorne mähen, hinten düngen und dazwischen den Boden verdichten.

Warum wirken Schafe immer so gelassen?

Wind, Regen, Hagel oder Schnee, sie halten stoisch alles aus. Du merkst ihnen keine Emotionen an, sie ertragen alles geduldig. Nur Sonne und Hitze mögen sie nicht gerne, dann suchen sie sich Schatten, liegen lethargisch unterm Apfelbaum oder hocken in der Hütte, wo es dann allerdings noch heißer ist als draußen. Aber in der heißesten Sommerperiode haben sie am wenigsten Fell und die Sonne knallt auf ihre geschorene Haut – sie kennen das ja sonst gar nicht, sich so unmittelbar körperlich zu spüren.

Ist es so romantisch, wenn man Schafe hält, wie alle denken?

Ich bin Jägerin, schon mein Opa war Jäger. Ich bin naturnah und naturverbunden aufgewachsen. Meine Nachbarn haben glaube ich einen eher romantisierten Blick auf Natur. Sie schaffen sich alle möglichen Tiere an, und ich bin nicht sicher, ob sie allen ganz gerecht werden können.

Viele Menschen in der Stadt haben diese romantische Vorstellung, ein ländlicheres Leben zu führen und dem Bauern bei der Ernte direkt aus dem Küchenfenster zuschauen zu können. Gleichzeitig wollen sie die Tankstelle, die Kita und das Kino um die Ecke haben. Das passt halt nicht ganz zusammen. Alle wollen die Nähe zur Landwirtschaft, aber kaum einer will zum Beispiel höhere Fleischpreise zahlen. Bei mir war es Zufall, dass ich die seltene Rasse der Skudden hier halte. Ich stelle sie weder aus, noch züchte ich sie. Landwirte können heute ja kaum noch von ihrer Arbeit und dem, was sie täglich schaffen, leben. Bauland lässt die Weideflächen schrumpfen. Nach und nach wird Landwirtschaft abgeschafft, man möchte die ganzen Höfe am liebsten verschwinden lassen und alles zentralisieren, weil das für eine moderne Infrastruktur viel einfacher ist. Ich zum Beispiel musste unterschreiben, dass ich mich um die Zuwegung auf meinem Hof selbst kümmere, hier kommt keine Post und auch keine Müllabfuhr hin. Schafe zwischen Autobahnzubringern, Klärwerk und Neubaugebieten auf schrumpfendem Weideland zu halten, ist aber nicht nur harte physische Arbeit, es ist fast wie ein Kampf gegen Windmühlen. Bei uns hier im Sauerland gibt es zum Glück noch reichlich Fläche, anders als etwa im Taunus. Hier gibt es viel Jagd und Landwirtschaft.

Würdest du sagen, die Schafe bereichern deinen Alltag?
Schon, aber sie sind auch eine Verpflichtung. Ich kann nicht für drei Wochen in die Ferien reisen und die Tiere hier sich selbst überlassen. Es muss Wasser bereitgestellt, im Winter muss zugefüttert werden, die Klauen und Augen müssen gecheckt werden. Ein täglicher Kontrollgang ist Pflicht. Ich brauche dann Unterstützung. Es ist nicht nur eine Bereiche-

rung, Schafe zu halten heißt, eine Verpflichtung einzugehen und die Verantwortung zu tragen.

Was können wir Menschen von den Schafen lernen?
Schafe passen aufeinander auf. Wenn die Herde in der Hütte ist, schiebt ein Schaf Nachtdienst, es prüft, ob die Luft rein ist. Diese Schichten werden untereinander aufgeteilt, das überrascht mich. Sie wechseln sich ab, damit der Rest der Herde sich ausruhen kann. Sie halten als Gruppe zusammen.

Lässt die Schafsherde denn auch Anderssein zu? Wir kennen ja die Redewendung vom schwarzen Schaf. Werden Sonderlinge und Nerds abgestoßen?
Ich bin selbst eher Einzelgängerin, kein Rudeltier. Genau deshalb fasziniert mich wohl die Gruppe. Ich hatte einmal ein kleines Shetlandpony kurzfristig zur Pflege bei mir, die Herde hat das zunächst misstrauisch beobachtet. Das Pferd war etwa so groß wie das größte Schaf. Das Pony machte für die Schafe ungewohnte Geräusche, ging und fraß anders. Sie konnten es nicht einordnen, waren aufgeregt. Rannten hin und her, blieben stehen, hielten inne. Wurden neugierig, haben sich aus der Distanz alles in Ruhe angeschaut. Wenn Schafe merken, da droht keine Gefahr, nehmen sie den Neuling auf. Nach einer Stunde stand das Pony mit der Herde in der Holzhütte. Schafe sind rührende und offene Wesen. Das könnten wir als Menschheit übernehmen, diese Neugier, Genügsamkeit, Offenheit und Gelassenheit der Schafe.

Ich danke Bianca Junker für unser Gespräch und lege den Hörer auf. Auch ich fühle, wie offen und rührend Schafe sind und genieße die Tage beim Schäfer. Die Verantwortung für eine Herde würde ich allerdings nicht alleine tragen wollen, mir reicht schon die Verantwortung für meine Familie und meine Jobs.

Ich denke über die Kolleg*innen nach, die die schnelllebige, oft künstliche Medienwelt irgendwann verlassen haben, um ihre naturnahen Träume auszuleben. Ein geschätzter Aufnahmeleiter bildet mittlerweile Therapiehunde aus, die Geschäftsführerin einer großen Produktionsfirma bietet erfolgreich Fastenseminare an und ein Jungredakteur ist Imker geworden. Ich lebe als Hundebesitzerin meine Naturnähe, wenn auch nur stundenweise, mit dem Hund im Grünen aus. Kein Vergleich dazu, richtig konsequent auf dem Land zu leben, aber immerhin ein täglicher Fußabdruck im Wald.

Vielen fällt es schwer, in der Welt der Scheinwerfer bei sich zu sein. Mir ist es immer ganz gut gelungen, auf meine innere Stimme zu hören. Die Welle mit dem Team zu reiten, den Ruhm für ein TV-Format nie mit meiner Person zu verwechseln. Mir war schnell klar, das ist vergänglich und meine Wurzeln müssen tiefer greifen. Kein noch so großer Quotenerfolg macht dich innerlich zufrieden, wenn du nicht bei dir bist. Wenn du nicht du bist. Bianca hat einen anderen Weg genommen als ich, denke ich nach unserem Gespräch, doch sie scheint ihr ländliches Glück, mit allen Widrigkeiten, gefunden zu haben.

Sommer

Es geht an die Wolle

VOM SCHAFESCHEREN

Ich finde nicht den richtigen Rhythmus, das Schaf am Hinterbein zu greifen und es über mein rechtes Bein zu drehen. Beherzt packe ich mit meiner Hand in das Maul, drehe den Hals leicht nach rechts und warte, bis ich das Mutterschaf zu dem Scherer auf die Holzplanke führen kann.

Ab Ende Mai, Anfang Juni ist Schurzeit. Die Tage werden länger, die Temperaturen steigen. Während wir beginnen, zaghaft dem Sommer zu trauen und die Sommerkleider aus dem Schrank zu holen, werden Schafe halt geschoren – wir wollen bei Hitze ja auch nicht mit unseren Winterwollpullis herumlaufen. Außerdem ist das Wollfett der Schafe geschmeidiger, wenn die Temperaturen wärmer sind, und das erleichtert die Schur.

Schurtage sind besondere Tage. Schon Monate vorher hat der Schäfer ein mobiles Scherteam gebucht. Die Männer, es sind tatsächlich nur Männer, kommen zum vereinbarten Termin zur Weide und beginnen die Klingen der Schermaschine zu schärfen, die den gesamten Tag lautstark brummen wird. Auch ich will den Schurtag nicht verpassen, gemeinsam mit mehreren anderen Helferinnen und Helfern stehe ich bereit, um Wolle zu sortieren, die Schafe zum Scherer zu führen oder Wunden zu versorgen.

Der Schäfer hat extra ein Zelt aufgebaut, es gibt Cola, Wasser und Streuselkuchen.

Schafe scheren ist eine harte körperliche Tätigkeit. Ich denke an meine Freundin Bianca und ihren missglückten Versuch, selbst einmal die Schermaschine in die Hand zu nehmen. Zum Glück werde ich heute nur assistieren und muss nicht mehr tun. Geschickt drehen die Profis die Tiere unter ihren Händen, klemmen sanft den Kopf der Schafe zwischen ihren Beinen ein. Sie stehen mitten in der Wolle, es sieht aus wie ein besonders fluffiger Teppich. Alt darf man in diesem Beruf sicherlich nicht sein, ich spüre schon beim Zuschauen ein Ziehen im Rücken.

Mein Schaf zappelt, ich versuche mit aller Kraft dagegenzuhalten. Wir sind wie zwei Kumpel beim Armdrücken, beide versuchen zu gewinnen. Ich will das Tier nicht verletzen, lockere nur kurz meinen Griff, finde in der öligen Wolle keinen Halt. Ich muss es erneut packen, rutsche ab. Hier läuft alles im Minutentakt, jeder Handgriff muss sitzen, die Scherer sind nur für bestimmte Stunden gebucht. Sie werden pro Schaf bezahlt und einen professionellen Scherer auf die Weide zu bekommen, ist so selten wie ein Fußballtalent wie Kylian Mbappé für die Amateurliga zu gewinnen. Eigentlich nicht wirklich verwunderlich: In den Klassen meiner Söhne hat jedenfalls kein Kind jemals den Berufswunsch »Schafscherer« geäußert, vielleicht ist das bei Schüler*innen in Irland und Australien ja anders. Schafscherer sind selten geworden, genau wie Hufschmiede. Sie arbeiten körperlich schwer, zügig und nach einer festen Routine am Tier.

Das Schaf und ich warten. Seine Augen sind aufgerissen. Meine rechte Hand steckt vollgesabbert in seinem Maul und die Linke greift so tief wie möglich am Hinterteil in die dichte Wolle. Es liegt auf meinem rechten Bein und atmet ruhiger. Unsere Körper sind aneinandergepresst, wie beim gemeinsamen Tandemfallschirmsprung kleben wir jetzt zusammen. Wir hören beide die Schermaschine surren. Das Schaf darf mir nicht erneut entwischen. Wir belauern uns gegenseitig. Eine weitere Lockerung meinerseits und das Tier ist weg, ich spüre es.

Die Sonne brennt auf unsere Nacken, aber besser als Regen. Scheren bei Regenwetter geht gar nicht. Nass kann die schwere Wolle nicht in den Plastiksack gestopft werden, sie würde schimmeln und die Arbeit von einem ganzen Jahr wäre umsonst gewesen. Wenn der Schäfer diesen Schertermin Wochen im Voraus plant, kann er nur hoffen, dass das Wetter mitspielt, sonst müsste die gesamte Herde erst zum Hof ins Trockene transportiert werden. An diesem Samstag im Juni hat es dreißig Grad, mein T-Shirt ist schweißnass. Ich komme nicht mal dazu, mich zwischendurch richtig einzucremen. Es ist einer der heißesten Tage in diesem Monat.

Wir haben in der Früh die Herde in den Pferch getrieben. Bereits am Vortag haben wir das Sonnendach für die Schafscherer aufgestellt, Sonnenschirme aufgespannt und Biertische aneinandergereiht, um darauf die Wolle auszulegen. Der Schäfer hat außerdem riesige Tüten aus festem Plastik ausgepackt, die aussehen, als könnte eine ganze Kleinfamilie mit ihnen umziehen. Da wird später die Wolle reingestopft.

Die Hitze liegt über der knochentrockenen Weide wie eine überdimensionale Wärmedecke. Die Tiere merken, dass heute etwas passiert. Die Muttertiere stehen im Pferch, getrennt von den Lämmern. Sie sind unruhig, wedeln permanent mit ihren Ohren, um die nervigen Fliegen zu verscheuchen.

Jetzt bin ich dran, das kurze Nicken des Schermeisters ist mein Einsatz. Ich wuchte mein Schaf auf die Holzplanke. Dort steht der Scherer mit dem Motor und der Schermaschine, die an einer schweren Kette herunterhängt. Direkt hinter seinem Rücken steht aufrecht eine Art Holzsurfbrett. Da kann er sich anlehnen, mit seinem Körpergewicht und den zusätzlichen Schafkilos. Der Widerstand des Holzbretts soll an diesem langen Arbeitstag ein wenig seine Wirbelsäule schützen und stabilisieren. Der Schermeister spricht nicht wirklich viel, er nickt und schweigt. Vielleicht spricht er kein Deutsch. Wir werden heute über vierzig Schafe scheren, ohne ein einziges Wort miteinander zu wechseln.

Wortlos übernimmt er mein Schaf. Ich will es beruhigen, ihm noch schnell »Alles ist gut!« zurufen, aber da setzt das ohrenbetäubende Getöse der Schermaschine schon ein. Die Antriebswelle brummt, der Scherer greift zum glänzenden Schermesser. Die Hunde bellen, die anderen rufen mir etwas zu, ich nicke, verstehe aber kein Wort. Irgendwas mit »Daumen rauf«. Langsam fällt die Wolle vom Körper des Schafes ab.

Nach der Schur läuft das geschorene Schaf zu den anderen nackigen Tieren und das nächste wird auf die Scherplanke übergeben. Verloren sehen sie aus, als hätte man ihnen plötzlich ihre Bettdecke weggezogen. Halbiert in Breite und Gewicht, sind sie sich selbst ein wenig fremd. Am liebsten würde ich ihnen einen flauschigen Wollpulli reichen.

Die Schafe, die noch nicht dran waren, bilden eine Art Halbkreis um den Scherplatz. Einige stehen bewegungslos, mit gesenkten Köpfen da, was sie wohl denken? Bei den frisch geschorenen Schafen werden kleinere Wundschnitte sofort versorgt, wir ziehen Zecken, die jetzt sichtbar geworden sind, und sie werden mit einer Flüssigkeit gegen die lästigen Fliegen eingerieben, so wie es mir auch Bianca Junker erzählt hatte. Das ist der Ablauf.

Schafwolle fasziniert mich, was wären wir Menschen nur ohne sie. Wolle war immer schon und zwar auf der ganzen Welt beliebt, denn sie hat die einzigartige Fähigkeit, vor Hitze und Kälte gleichermaßen gut schützen zu können. Man kann mit ihr häkeln, filzen und natürlich weben, was unsere Vorfahren in unterschiedlichsten Variationen schon seit grauester Vorzeit konnten. Ganz genaue Anfänge sind unbekannt, aber Funde haben belegt, dass es in Peru und Nordamerika schon 2500 v. Chr. Wollkleidung gab, und wir wissen, dass die alten Ägypter nur 500 Jahre später schon mit einem Hochwebstuhl arbeiteten.

Im Durchschnitt liefert ein Schaf je nach Rasse und Alter heute 3,5 Kilogramm Wolle. Durch die Züchtungen und Mutationen der vergangenen Jahrhunderte hat sich die Menge ungefähr verdreifacht. Bis ins 19. Jahrhundert war Wolle ein kostbares Material und das Tragen von Wollkleidung ein Privileg wohlhabender Bürger, alle anderen mussten sich mit günstigeren Materialien wie Flachs und Baumwolle begnügen.

Unter dem Deckhaar der Tiere liegt die flauschige Unterwolle, die hält die Schafe im Winter richtig warm. Aus dieser Wolle wird Garn gesponnen, aus dem Kleidung zum Wandern oder Skifahren hergestellt wird, oder sie wird zu Filzstoff weiterverarbeitet, aus dem zum Beispiel der Hut des Schäfers besteht.

Wolle und Filz gehören so eng zusammen wie Heidi Klum und Tom Kaulitz. Für Wollgarn oder ein Filzprodukt muss das Schaf nur seine Wolle lassen, es lebt danach fröhlich weiter in der Herde. Anders ist das bei den kuscheligen Schaffellen, die viele gerne auf Sessel oder in Kinderwagen legen. Sie sind oft von älteren Muttertieren, die mehrfach geboren haben und dann geschlachtet werden, oder aber von Lämmern, weil diese besonders flauschig sind. Vor dem Filzen wird die Wolle kardiert und gekämmt. Die Farbgebung kann variieren, je nach Farbe des Tieres. Später wird die Wolle beim Prozess des Filzens immer und immer wieder mit Kernseife eingerieben.

Wir Menschen sind heute, in unserer mitteleuropäischen Region, nicht mehr besonders gut an Kälte gewöhnt. Warum auch, selbst im Winter sitzen wir ja meist in beheizten Räumen und drehen im Auto die Sitzheizung auf. Unsere Vorfahren mussten sich hingegen noch anders zu helfen wissen, wenn sie im Winter nicht frieren wollten. Filzen war die erste Technik, um die Wolle der Schafe so zu verarbeiten, das sie die Menschen besonders gut wärmte. Im Vergleich zur Lederkleidung trocknet Filz schneller. Nicht so schnell wie Baumwolle, aber eben schneller als Leder.

Im Lauf der Zeit hat sich die Zucht immer stärker auf die Unterwolle fokussiert. Das Fett in der Schafwolle nennt sich Lanolin, es ist das einzige wasserlösliche Körperfett und perlt deshalb auch nicht komplett ab, wie etwa das Wasser am Gefieder von Enten. Beim Starkregen vermischt sich das Lanolin mit der Wolle der Tiere, der darin enthaltene Schmutz wird aufgeweicht und die Schafe sehen nach dem Regenguss wieder richtig sauber aus.

Wolle ist also ein echtes Wundermaterial! Darüber, wie viele Schritte sie durchlaufen muss, bis sie vom Rücken des Tieres runter und zu dicken Socken oder eleganten Pullovern verarbeitet ist, habe ich früher viel zu wenig nachgedacht. Zumindest hatte ich mir Schurtage nicht ganz so anstrengend vorgestellt.

Die Schafe werden nicht nur wegen der Wolle geschoren, sondern auch, damit es ihnen bei hohen Temperaturen besser geht. Mein Scherer hat die Hand schützend über die Schafgenitalien und Euter gelegt, er beginnt immer am Bauch des Tieres. Andere Scherer strecken den Kopf des Tieres und beginnen am Hals in langen Bahnen die Wolle abzurasieren. Da hat jeder Scherer seine eigene Routine. Ich beobachte, wie er danach die Schermaschine am Hinterbein hochschiebt, er löst die Wolle zum Rücken hin ab. Erst steht das Vlies hoch, dann fällt es wie ein nach außen gestülpter Mantel langsam am Tier hinunter. Die Schermaschine zieht Bahn um Bahn auf dem Schafskörper, der Scherer dreht und wendet das Tier routiniert. Es sind ausgeklügelte Einzelschritte, das jeweilige Körperteil wird gestreckt, damit die Hautfalten nicht in den Scherkamm geraten.

Mein aufrecht sitzendes Schaf blökt nicht mehr, es lässt sich schicksalergeben von links nach rechts rollen. Der Scherer darf das Tier möglichst nicht auf sein Steißbein setzen, das wäre zu schmerzhaft. Wie eine stumme Choreografie wirkt das Miteinander zwischen den beiden. Es gibt Schafe, die winden und drehen sich und blöken viel während der Schur. Andere wiederum erschlaffen regelrecht unter den Händen des Scherers in einer Art Schurstarre. Der Scherer beugt sich in die Knie, streckt sich und das Schaf, rollt das Tier in die richtige Richtung, bei ihm wirkt das alles leicht. Ich stehe davor und starre sie fasziniert an. Der Scherer wirkt nicht gehetzt, er bleibt den ganzen Tag ruhig, spricht leise zum Tier. In wenigen Minuten ist für das Schaf alles vorbei. Zappelt ein Schaf doch mal stärker, drohen Schnittverletzungen. Sind sie tief, kann der Schäfer sein kostbares Tier sogar verlieren, wenn die Blutung nicht zu stoppen ist.

Das Wollvlies fällt durch das Eigengewicht langsam zu Boden. Der Schäfer stupst mich an, das nächste Schaf muss in die Warteschlange.

Warum erlernt heute keiner mehr den Beruf des Scherers und zieht damit von Hof zu Hof? In der ehemaligen DDR war das ein Ausbildungsberuf, in der Bundesrepublik noch nie. Bedarf müsste es doch eigentlich ausreichend geben? Aber Schafschur ist physisch schwere Arbeit, es gibt weder einen Tarifvertrag, noch wird jemand dafür von Balkonen applaudieren. Was zählt, ist die Erfahrung, angeblich muss man mehrere tausend Schafe geschoren haben, bis man weiß, wie es geht. Ein geübter Schafscherer schafft bis zu fünf Tiere in einer Stunde, nur etwa zehn bis zwölf Minuten dauert die Schur pro Schaf.

Ich hebe das Vlies auf, das der Scherer von meinem ersten Schaf zur Seite wirft. Wie ein Fischernetz sieht es aus, wenn ich es vorsichtig hochhalte, damit es nicht zerfällt. Manchmal sieht man erst beim Scheren selbst, ob gute Wolle vorliegt oder eben nicht. Wir trennen die Wolle auch nach Farbe, scheren zuerst die weißen, dann die schwarzen Schafe.

Das Lanolin macht in wenigen Minuten alles ölig. Der Stapel der frisch geschorenen Wolle wird immer höher. Wir sind vier Frauen, die dem Schäfer heute freiwillig helfen. Wir greifen uns das Vlies, lassen es durch unsere Finger fahren, prüfen die Qualität. Zupfen Stroh, Zweige und Kletten heraus. Greifen zum nächsten Vlies. Wieder und wieder, so wird es für die kommenden Stunden sein.

Wir trennen die Wolle in qualitativ hoch- und minderwertigere. Die Wolle, die fein und weiß ist, wird von der feinen dunklen Wolle und der verunreinigten groben Wolle getrennt und kommt in einen jeweils anderen Plastiksack. Wolle, die mindere Qualität hat, wird oft für den Boden von Kresse-Töpfchen verwendet, wie wir sie aus dem Supermarkt kennen, habe ich inzwischen gelernt. Sie speichert die Feuchtigkeit optimal. Oder man macht Düngepellets aus ihr. Die hochwertigere Wolle hingegen wird für Kleidung und Ähnliches verwendet. Der Schäfer bekommt immer mehr Anfragen nach veganer Wolle. Das bedeutet, dass die Schafe geschoren, aber nicht geschlachtet werden. Und genau so macht es der Schäfer.

Wir Helferinnen reden, lachen, freuen uns auf ein Stückchen Streuselkuchen und ein Glas Wasser später. Schertage sind harte und lange Tage. Wenn wir Frauen nicht zum Sortieren am Tisch stehen, wechseln wir uns im Pferch mit dem Einfangen der Tiere und dem Abgeben am Schertisch ab. Keine von uns ist darin richtig erfahren, aber der Schäfer vertraut uns. Wir lernen alle im Laufe des Tages viel dazu. Annika ist 46 Jahre alt und sitzt bei ihrer Arbeit als Psychologin zu viel, genau wie ich. Sie hat beim Schäfer ein Patenschaf namens Susi und erklärt mir: »Ich bin heute hier, weil ich diese Tradition unbedingt aufrecht erhalten will. Hinter meinem Haus weidet oft eine Schafherde, ich liebe das Gebimmel der kleinen Glöckchen. In der Pandemie wollte ich dem Schäfer zur finanziellen Unterstützung erst Fleisch oder Schaffelle abkaufen, aber dann habe ich mich für mein Patenschaf entschieden. Gleich bringe ich meine Susi zum Scherer.« Sie wirkt fröhlich aufgeregt.

Zwei der anderen Frauen haben ebenfalls Patenschafe, zu denen sie eine besondere Nähe spüren. Ab und zu fragt der Schäfer die Paten an, ob sie beim Umkoppeln oder Scheren dabei sein wollen. Wenn sie Interesse haben, dürfen sie die Wolle ihres Schafes auch nach Hause mitnehmen. Zum Spinnen oder Filzen für den Eigenbedarf. Eine der beiden ist eine pensionierte Lehrerin und pflegt schon seit Jahren Schafpatenschaften, nicht erst seit der Pandemie. Aus Lust an der Natur, wie sie sagt. Die andere ist eine alleinerziehende Mutter und wollte ihren Kindern die Schafe näherbringen, weil über deren Kinderbettchen seit Jahren ein Schafmobile hängt. Die vierte Frau ist eine junge Studentin, die nach ihrem Abitur ein Jahr auf einer schottischen Schaffarm mit angepackt hat. Sie weiß genau, wie man die Tiere richtig an den hinteren »Hammelbeinen« greift, sie über den Oberschenkel legt und ruhig dem Scherer präsentiert. Sie ist genauso still wie die Scherer selbst. Von ihr schauen wir uns viel ab an diesem Samstag, an dem wir Frauen uns über die Herde und die Liebe zu diesen Tieren näherkommen.

Der Tag vergeht wie im Flug. Ich schaue auf die Uhr: Nach der Schur muss ich noch kurz in die Redaktion und Unterlagen für meine sonntägliche Radioshow abholen. Verrückt, wie ich gerade zwischen den Welten hin und her springe und mich auf beiden Seiten wohl- und zufrieden fühle.

Blut, Dornenzweige, Verfilzungen: alles kommt zu uns auf den geölten Tisch. Wir lachen und reden, die Zeit fliegt dahin. Wir prüfen die Wolle, die durch unsere Finger läuft. Werden geschickter, stopfen die Wolle mit den Fäusten tief in die Säcke. Der Jungschäfer schleppt sie davon, wenn sie gefüllt sind. Auf erstaunliche Weise erfüllt mich das ruhige Sortieren. Ich weiß genau, was zu tun ist, kenne meine Aufgabe. Wir alle wissen an unserem jeweiligen Platz genau, welche Handgriffe wir ausführen müssen, damit es für den Schäfer ein erfolgreicher Tag wird. Wir greifen wie die Rädchen ineinander, es läuft wie geschmiert.

So anstrengend die Arbeit auch ist, sie erfüllt mich mit tiefem Glück. Am Abend werde ich mir sicherlich eine starke Schmerztablette reinpfeifen, damit mein Rücken weniger zwackt. Doch um nichts in der Welt hätte ich diesen Tag missen wollen.

Die Sonne steht noch hoch am Himmel, als das Ende langsam absehbar wird. Im Pferch blöken die letzten noch ungeschorenen Tiere, die Lämmer rufen nach ihren Müttern. Zum Glück erkennen sie sich am gegenseitigen Rufen, denn irgendwie wirken die Lämmer irritiert, wenn die frisch geschorenen Mütter so nackt auf sie zutaumeln. Geradezu mager. Wie nach einer Blitzdiät sehen die Geschöpfe aus, radikal erschlankt, so ohne ihren Wollpanzer. Sie sind zwar kurz geschoren, aber es bleibt natürlich ein Rest Wolle auf ihrer Haut, eine Schur ist keine Rasur.

Im Umfang halbierte Schafe suchen erleichtert ihre Herde. Ich will nach dem Friseurtermin ja auch immer schnell zu meiner Familie und sie fragen, ob ihnen mein Undercut-Schnitt gefällt, vielleicht ist das hier ähnlich. An den lockenfreien Schafsohren wippen die farbigen Marken. Sie sind blau, gelb, grün oder rot.

Ich reibe die restlichen Tiere noch behutsam mit einem Mittel gegen Parasiten ein, mit dem Kurzhaarschnitt geht das jetzt besonders gut. Zu viele Zecken können kritisch für die Schafe werden, gerade für die Lämmchen, die heute natürlich nicht geschoren werden. Wegen des Blutverlustes und wegen der Sekundärinfektionsgefahr, denn Zecken sind ja leider nicht so rücksichtsvoll und desinfizieren vorsorglich ihr Mundwerkzeug, bevor sie zubeißen. Mit einer schnellen Handbewegung schnippt der

Schäfer sie bei der Kontrolle im Pferch aus Haut und Wolle heraus, er braucht dazu nicht mal eine Zeckenzange. Zecken sind ja auch für uns Menschen alles andere als ungefährlich. Bei meinen Besuchen beim Schäfer trage ich deshalb immer lange Kleidung, außerdem bin ich gegen FSME geimpft. Trotzdem fühle ich mich beim Gedanken an die kleinen Krabbeltiere unbehaglich. Nach jedem Weidetag dusche ich und kontrolliere, ob irgendwo eine Zecke hängt. Ab und zu bitte ich außerdem meinen Mann oder die Kinder, mir bei der Rückkehr aus dem Wald oder von der Weide die Haare und Ohren zu kontrollieren. Heute wird definitiv so ein Tag sein, nach all der verknoteten Wolle, die durch meine Finger gegangen ist und den Umarmungen mit den Schafen, die ich zum Scherer geschleppt habe.

Wir knoten die letzten großen Plastiksäcke zu und laden sie auf den Hänger. Dann stehen wir alle ein wenig verloren herum. Der Schäfer wirkt erschöpft am Ende des Tages. Er verabschiedet die Scherer, die ihr Material ebenfalls schon in ihren Van gepackt haben. Meine Hände haben durch das ganze Lanolin in der Wolle eine extra Kurpackung erhalten und glänzen noch immer. Die Handcreme kann ich mir vor dem Schlafengehen heute definitiv sparen. Der Schäfer schiebt sich die grüne Kappe in die Stirn und wischt sich über die Augen. »Alles prima gelaufen«, murmelt er uns zu. Den ersten Preis für intensive Redseligkeit und Komplimente an ehrenamtliche Helferinnen wird er mit Sicherheit nicht gewinnen, dafür ist er zu schweigsam. Aber ich sehe an seinem zufriedenen Augenzwinkern, dass wir unsere Arbeit gut gemacht haben. Wenn es nichts zu nörgeln gibt, deute ich das mal als Kompliment.

Langsam lerne ich die Zeichen, Andeutungen, ein Lächeln des eher wortkargen Schäfers zu deuten. Ab und zu würde man es schon gerne deutlicher hören, dass etwas gut geklappt hat. Die Handgriffe haben in unserem Frauenteam jedenfalls problemlos ineinander gegriffen, das ist ja auch nicht selbstverständlich, bei vier Stadtmenschen. So klopfen wir Frauen uns erst die Wollreste von der Hose und dann gegenseitig auf die verschwitzten Schultern, fallen uns lachend in die Arme, verabschieden und verabreden uns für das kommende Jahr. Kurzweilige Nähe und Wärme ist zwischen uns entstanden. Es sind ja erstaunlicherweise eher Familien und Frauen, die Patenschaften für Schafe besitzen und ehrenamtlich den Schäfer unterstützen. Vielleicht brauchen wir ein Ventil für unsere Fürsorge, Zugewandtheit, wenn der eigene Nachwuchs langsam flügge wird.

Ich schnappe mir noch einen Softdrink und falle auf den heißen Autositz. Plötzlich Stille. Kein Blöken mehr und keine surrende Schermaschine. Was für ein Tag. Ich war eine teilnehmende Beobachterin und habe das Gefühl, sofort alles direkt aufschreiben zu müssen. Die zahlreichen großen und kleinen Glücksmomente einzufangen. Weidenwimpernschlagglück. Als das Lämmchen wieder beim Muttertier trinkt, als der große Bock mir mit seinen Klauen mehrfach fest gegen das Schienbein getreten hat und das beruhigende Streicheln eines Schafskopfs. Erinnerungsblitze zappen durch mein Hirn und ich setze die lauwarme Cola an die Kehle.

Ich will nicht vergessen, wie lebendig ich mich den ganzen Tag fühlte, wie sehr im Jetzt-Moment. Mir fällt es schwer zu glauben, dass alles schon wieder vorbei ist, hoffentlich kann ich in der kommenden Woche immer wieder davon zehren. Am Schreibtisch, bei der Vorbereitung von Interviews, schweifen meine Gedanken eher mal ab als hier auf der Weide, da bin ich fast immer im gelebten Augenblick. Ich nehme mir vor, in stressigen Momenten öfter meine innere Schafzufriedenheitsquelle und die Erinnerung an die vielen schönen Stunden anzuzapfen, bis ich wieder hier bin.

Bevor ich losfahre, wechsle ich im Auto noch schnell mein T-Shirt, benutze ein Deo und bereite mich langsam auf meine Stadtmensch-Dorfmensch-Stadtmensch-Metamorphose vor. Wenn ich nach meinen Weideeinsätzen an der Tankstelle gleich um die Ecke anhalte, fühle ich mich an der Zapfsäule mit meinen grünen Gummistiefeln jedes Mal ein bisschen wie ein echter Landbewohner. Heute komme ich mir allerdings eher wie eine wandelnde Fusselbürste vor – war nicht die beste Idee, am Schurtag eine Wollhose zu tragen, die jeden Flusen magnetisch anzieht.

In meiner Hosentasche finde ich ein kleines Stückchen rötlich weiße Wolle. Bisher habe ich noch nie etwas vom Land in die Stadt mitgenommen, außer Gestrüpp-Kratzer an den Unterarmen oder Matsch an den Schuhen. Heute vermischen sich die beiden Welten durch den handtellergroßen Wollrest von der Schur. Es ist von meinem zarten rot-blonden Lieblingsschaf, das irgendwann plötzlich aufgehörte zu wachsen und sich für immer etwas Kindliches erhalten hat. Ich freue mich darauf, meinen Jungs die frisch geschorene Wolle zu zeigen und bin gespannt, was sie wohl vom Schurtag wissen wollen. Für meine Stadtteenager ist das eine komplett andere Welt. Sie rasieren sich allerdings ab und zu die Haare, vielleicht fachsimpeln sie über die Klingeneinstellung. Problemlos fahren sie mit der U-Bahn durch alle Verbundnetze im Rhein-Main-Gebiet aber auch sie kommen viel zu selten mit der Natur in Kontakt.

Als ich schließlich losfahre und mich in Gedanken schon auf meinen Abstecher in der Redaktion vorbereite, sehe ich im Rückspiegel, wie der Jungschäfer auf sein Rad steigt und nach Hause fährt.

Fürsorge für Maschinen und Suchtrupps für Kitze
DIE ERNTEZEIT BEGINNT

E-Mail vom Schäfer:

> Hallo Frau Schäfer, am kommenden Samstag bin ich auf einer landwirtschaftlichen Messe, da sehen wir uns nicht. Freue mich aber, wenn wir uns übernächste Woche auf dem elterlichen Hof treffen. Die Heuernte rückt näher, ich will mit meinen Maschinen gut vorbereitet sein. Wir kümmern uns um den Traktor, den Messerbalken, schauen ob alles funktioniert. Es wird etwas ölig, wie in der Werkstatt, bringen sie bitte Arbeitshandschuhe mit. Mit schafigen Grüßen.

Eine Woche frei? Überraschend bekomme ich einen Samstag zum Durchatmen. Die Mail erreicht mich zum Beginn der Woche und wirkt auf mich, als hätte ich plötzlich hitzefrei. Ein ganz normaler arbeitsfreier Samstag! Hatte schon fast vergessen wie es sich anfühlt, mich auch nicht danach gesehnt, merke aber jetzt, dass ich ihn doch mal brauche. Vielleicht lade ich meinen Mann zu einem gemeinsamen Frühstück ein, oder besuche eine Freundin, die in der Stadt eine Boutique besitzt. Ich werde den freien Samstag nicht in grünen Gummistiefeln und einem Arbeitshemd verbringen, sondern in ganz normalen Schuhen. Fühlt sich schon fast verrückt an, doch ich genieße diesen unverhofft unverplanten Tag sehr.

Vierzehn Tage später begrüßt mich der Schäfer auf seinem Hof mit den Worten: »Wer seine Maschinen nicht pflegt, kämpft gegen den Rost.«

Unter Maschinenpflege konnte ich mir erst einmal nicht so viel vorstellen, außer dass man hin und wieder den Staubsaugerbeutel wechseln oder das Spülmaschinen-Deo erneuern sollte. Aber es ergibt natürlich Sinn: Wenn ich nicht zum Sport gehe, roste ich auch ein. Vor allem morgens fühle ich mich manchmal etwas steif, nach wenigen Minuten ruckelt sich in der Regel aber alles wieder an den korrekten Platz. Damit das so bleibt, gehe ich zum Yoga, versuche geschmeidig zu bleiben. Das ist meine »Bärbel-Pflege«, wenn man so will. Wenn ich meine Kochmesser nicht schärfe, kann ich bei der Zubereitung der Gerichte nicht präzise arbeiten. Wenn ein Schäfer die Schnittflächen des Messerbalkens vor der Heuernte weder einschmiert noch ölt, bekommt er an den wenigen Tagen, an denen er das Heu für die Tiere ernten kann, wahrscheinlich Probleme.

Es ist mein erster Besuch auf dem Hof, bisher haben wir uns immer direkt auf der Weide getroffen. Die Gebäude sind u-förmig angeordnet, mit einer großen treckertauglichen Toreinfahrt, Stallungen und einem Heuboden. Ich sehe eine Werkzeugbank, allerlei mir unbekanntes Gerät und direkt hinter der den Hof umschließenden Mauer einen Neubau. Der Jungschäfer steht auf einem Gerüst und repariert etwas an der Dachrinne, die Mutter hängt die Wäsche auf. Der Innenhof sieht aus wie ein Wimmelbuch-Suchbild zahlreicher arbeitender Familienmitglieder. Ruht diese Familie denn nie? Kann man bei den Dingen, die auf dem Hof erledigt werden müssen, nicht auch mal wegschauen, kurz die Pausentaste drücken? Der Schäfer lacht schallend, als ich ihn das frage.

Mir sitzt ja manchmal die Faulheit lästig auf der Schulter und flüstert mir ins Ohr: »Geh nicht. Bleib gemütlich zu Hause.« Aber schon wenige Stunden später schelte ich mich dann dafür, die disziplinlose Herumlümmelei macht mich wütend. Das bekommen dann leider auch meine Mitbewohner zu spüren. Solche Probleme kennt der Schäfer nicht. Für ihn scheint es keine Faulheit, kein Nichtfunktionieren, kein »Heute komme ich nicht« zu geben.

Mich beeindruckt sein tägliches Pflichtgefühl immer wieder. Dieses permanente Gefühl der Verantwortung in sich zu tragen und so ungebrochen verlässlich gegenüber den Schafen zu sein, leistet er auf bewundernswerte Weise. Eine Vier-Tage-Woche, wie sie die Generation Z fordert, ist ihm jedenfalls fremd. Vielleicht trennt der Schäfer weniger zwischen Beruf und Privatleben.

Wir ziehen uns Einweghandschuhe an und ich lerne einige der Maschinen kennen. Der Jungschäfer geht mit mir von Maschine zu Maschine. Er kann es kaum erwarten, mit sechzehn Jahren endlich den Führerschein zu machen, denn bisher darf er den Traktor nur auf dem Privatbesitz fahren. Er deutet auf den neuen Bandrechen, den Heuwender, den Messerbalken. Ich komme mir vor wie auf einer Landwirtschaftsmesse und versuche mich an die Fragen aus dem Autoquartett meiner Kinder zu erinnern. Wie ist die Drehzahl beim Traktor, wie viel PS hat der, was tankt die Maschine? Ich klinge schon fast wie Vettel in der Boxengasse.

Oft hängen wir Autofahrer*innen aus der Stadt bei unseren Ausflügen auf den Landstraßen ja schimpfend hinter einem Heuwender und ärgern uns über seinen bummeligen Fahrstil. Wir sind ungeduldig, ziehen sogar riskante Überholmanöver bei kurviger Straßenlage in Betracht. Erst jetzt wird mir bewusst, was für einen Wert diese schweren Landmaschinen haben, dafür schäme ich mich ein wenig. Manche der langlebigen Maschinen hier haben schon dem Vater oder dem Großvater des Schäfers im Betrieb geholfen. Wer nicht schmiert, verliert, lautet also die Parole.

In der Erntezeit wird kein Zeitfenster bleiben, um die Maschinen zu warten. Dann gilt nur: raus aufs Feld und Heu ernten, solange es trocken ist. Die perfekte Erntezeit ist im Sommer extrem kurz, alles muss dafür vorbereitet sein, jeder Handgriff muss sitzen. Die bangende Frage lautet stets: Wird das Wetter halten? Ab Anfang Juni schauen alle Land- und Tierwirte in den Himmel oder eben auf ihren offiziellen landwirtschaftlichen Wetterservice. Oft kommen zur Heuernte Familienangehörige wieder zurück auf den Hof, um zu helfen.

Nun rückt die Heuernte näher. Wer jetzt nicht vorbereitet ist, bekommt Stress. In den Wochen, in denen wir Eltern schulpflichtiger Kinder die Schwimmbrillen und Badeanzüge bereitlegen, ist der Schäfer in Wartestellung. Das Mähen ist ein sehr adrenalinhaltiger Arbeitsschritt. Wir wünschen uns nur sonnige Zeiten am Urlaubsort, er wünscht sich prognosesicheres, trockenes Wetter in Groß-Gerau. Ferienzeit und Urlaub mit der Familie sind in diesen Tagen für den Schäfer so weit weg wie eine Privataudienz beim Papst. Er hat Hochbetrieb, in den Wochen der Heuernte geht nichts anderes. Das Heu ist das Zusatzfutter für die Schafe und hat oberste Priorität. Wartetage – immer auf Abruf.

Die Zeit bis zum idealen Zeitpunkt der Heuernte versucht der Schäfer sich mit dem Frühjahrsputz auf dem Hof zu vertreiben. Wir fahren mit dem Traktor auf ein etwas entfernt gelegenes eingezäuntes Gelände, um dort den Heuwender abzuholen. Der ist wichtig, um das gemähte Gras schön trocken zu bekommen. Auf dem Areal kümmert sich der Großvater um einen herrlichen Gemüsegarten. Er befüllt seine Gießkanne mit Wasser aus der Regentonne und geht besonnen die schmalen Wege zwischen den

Gemüsebeeten ab, mit einer ruhigen, schwenkenden Bewegung verteilt er das Wasser auf dem Saatgut. Wie lange er wohl schon auf seinem Hof arbeitet? Ob ihm nach all den Jahren der Rücken, die Schultern schmerzen? Welche Veränderungen der Arbeitsbedingungen von Generation zu Generation hat er erlebt?

Der alte Mann kennt den Wandel der bäuerlichen Welt, auch deren stillen Untergang. Er sieht verwaiste Höfe, Land, das verkauft statt verpachtet oder bewirtschaftet wird. Vielleicht hat er seinen Hof in der Erwartung an den Sohn übergeben, dass man sich auch um ihn kümmert und er auf dem Hof bleiben kann. Ist das noch so, dass den Alten ein Altenteil versprochen wird? Dass es stets zuallererst um den Hof, die Regelung der Nachfolge und das Weitergeben der Erfahrungen geht?

Seit Jahrhunderten halten Menschen Nutztiere, bestellen Felder. In dieser ländlichen Welt war die Familie unverzichtbar. Heutzutage verschwindet all das lautlos aus unserem Alltag, aus unserem Bewusstsein. Bauern finden keine Nachfolger, eine Work-Life-Balance, wie die meisten sie sich heute wünschen, ist im landwirtschaftlichen Alltag utopisch. Kaum ein Thema. Ob der Senior des Schäfers sich nach mehr individueller Freiheit gesehnt hat, anderen Bildungschancen, mehr Selbstbestimmung, kulturellen Angeboten? Wie empfand er die schwere Arbeit, ist er den Weg der Modernisierung, der Umstellung auf eine klimapositive Landwirtschaft mitgegangen? Kennt er das heile Landleben, von dem wir Städter immer träumen? Hat er je über ein gelungenes Leben außerhalb des Hofes nachgedacht?

Während ich mich bemühe, den Heuwender aus dem Gebüsch zu befreien, in dem er sich verfangen hat, versuche ich mich mit dem Großvater zu unterhalten, ich lobe seinen Sohn und mache ihm ein Kompliment zu seinem Enkel. Der Vater des Schäfers nickt mir stumm zu. Ich habe das Gefühl, ihn zu nerven, er schaut durch mich hindurch. Mit dem Vater des Schäfers ins Gespräch zu kommen ist wahrscheinlich genauso schwer, wie bei Günther Jauchs Show *Wer wird Millionär* die Eine-Million-Euro-Frage zu beantworten. Endlich gelingt es uns, den Heuwender aus dem Gestrüpp zu ziehen. Wir hängen ihn an die Kupplung des Treckers und fahren zurück zum Tor. Ein schwerer süßlicher Hauch von Jasmin liegt in der Luft. Der Senior gießt in aller Ruhe weiter das Gemüse. Es wird wachsen, es wird gegessen werden, er wird neu säen und wieder gießen.

Sonne, Wasser und ein guter Boden ernähren uns. Ich habe noch nie überlegt, mir einen kleinen Garten zuzulegen, Gartenarbeit war für mich in erster Linie eine »Verpflichtung«, ein »ich muss gießen, graben, pflanzen, zupfen, mähen«. Mich nervt es schon, das Blumenwasser der Schnittblumen auf dem Esstisch regelmäßig zu wechseln. Ich trage ja bereits so einiges an Verpflichtung: für meine erkrankte Mutter, die Kinder, den Haushalt, die Balkonpflanzen, meine Ehe, ach und der Hund muss auch regelmäßig raus. Einen Garten als entspannende Bereicherung zu sehen, kam mir noch nicht wirklich in den Sinn, aber jetzt denke ich, dass es sich bestimmt gut anfühlt, wenn man in seinem Schrebergarten sitzt, das Ergebnis seiner Mühen sieht, sich in den Kreislauf der Jahreszeiten eingliedert.

Ich wage noch einen letzten Versuch, schaue zum Senior rüber und rufe ihm zum Abschied ein langgezogenes »Tschüüüüüss« zu. Er antwortet nicht. Vielleicht ist der Traktor zu laut, rede ich mir ein, als ich noch unbeholfen mit meinem winkenden Arm in der Luft hänge und dann wieder auf den Seitensitz klettere. Wir fahren durch das Dorf, zurück auf den Hof. Ich trage, als Lärmschutz, knallgelbe Ohrenschützer und frage mich, was die Dorfbewohner wohl denken, wenn sie den Schäfer und mich so vorbeituckern sehen. Aber wenn man denkt, was andere wohl denken, denken die anderen oft gar nicht, was man selber denkt. Winzig sehen sie aus, die PKWs, von hier oben.

Zurück auf dem Hof werden Heuwender und Trecker abgespritzt, danach poliere ich noch die Fenster des Traktors für den klaren Durchblick, auch die Fußmatten werden abgeschrubbt. Fast blitzt er wie neu, aber eben nur fast. Traktoren sind langlebig, viel im Einsatz und genügsam, was die Pflege angeht. Jedenfalls die, die noch nicht so viel Elektronik im Motorblock drin haben. Sie ackern sich klaglos über die steinigsten, sandigsten und hügeligsten Felder.

Vorsichtig nehmen wir den Plastikschutz vom Messerbalken ab, der bei Berührungen vor den scharfen Messerkanten schützt, und ölen die Gelenke mit einer speziellen Spritze ein. Mit dem Pinsel beschmieren wir die Klingen der mehrere Meter langen Schneidemaschine. Kleine scharfe Messerkanten wechseln sich ab mit größeren Messerkanten, in zwei Schichten liegen sie übereinander. Sie schneiden sich Bahn um Bahn auf dem Feld durch das Heu, wie eine flach am Boden ratternde doppelte Kettensäge. Etwas Öl tropft auf den Boden, ich nehme es mit dem Pinsel auf und vertupfe es vorsichtig auf dem Metall, wie Tinktur auf einer Wunde. Schweres Gerät wie dieses wird oft mit anderen Nachbarhöfen geteilt, um die Anschaffungs- und Unterhaltskosten zu minimieren. Heuwender-Sharing, eine gute Idee, denke ich.

Ich bin ganz schön ignorant mit meinen Fahrzeugen, fällt mir auf, während wir uns so sorgfältig um die Maschinen des Schäfers kümmern. Nur wenn mein Fahrrad einen Platten hat, bringe ich es in die Werkstatt. Eine Grundinspektion lasse ich selten durchführen, und ehrlich gesagt poliere ich auch nicht oft im Innenhof die Speichen. Es funktioniert, aber das nehme ich einfach so hin. Mein Auto dagegen sieht häufiger eine Werkstatt von innen, allein schon wegen der TÜV-Untersuchungen und den Wechsel von Sommer- zu Winterreifen und wieder zurück. Aber der Innenraum könnte auch öfter gereinigt werden. Ich bin sonst so ordentlich und gut organisiert, warum nehme ich das bei meinen Fahrzeugen nicht so ernst? Im Stillen gelobe ich Besserung, obwohl das wahrscheinlich rein zeitlich gar nicht so einfach wird, schließlich fehlen mir für die eigene Maschinenpflege momentan die Samstage.

Bis es in diesen entscheidenden Wochen tatsächlich zur Heuernte kommt, bereitet der Schäfer nicht nur seine Maschinen, sondern auch mich vor. Ich bekomme Mails, in denen ich Satellitenaufnahmen von Feldgemarkungen finde. Die Zufahrtswege hat der Schäfer mir blau markiert, im schwarzen Kreis befindet sich die zu mähende Heufläche. Außerdem gibt es rote Kreise: Das bedeutet, dass wir in diesem Bereich der Mähfläche mit Rehkitzen rechnen müssen. Wer will schon gerne ein Kitz schreddern? Ich möchte das jedenfalls nicht erleben.

Der Monat Juni gilt nämlich als wichtigster »Setzzeitmonat«, so nennen Fachleute die Zeit, in der die Rehe ihre Kitze »setzen«. Klingt etwas technisch für das Naturwunder der Geburt, aber nun. Leider »setzen« Rehe ihre Kitze bevorzugt in das hohe Gras der Wiesen. Da liegen sie vor natürlichen Feinden gut versteckt, nur sieht man sie beim Mähen eben auch nicht. Und sie sind nicht die einzigen Wildtiere, für die die Zeit der »Mahd« gefährlich ist: Egal ob Hasen, neugierige Störche, Kröten oder anderes Wild, alles kann sich auf dem Feld verstecken.

Aber der Schäfer weiß, wo das Reh sein Revier hat, daher wollen wir die Rehe samt Nachwuchs genau im Auge haben. Zwar gibt es die Drohnenpiloten bei *kitzrettung.de,* die bei Kostenübernahme die Felder per Drohne absuchen können, und auch Jagdausübungsberechtigte sind meist bereit, die Felder abzulaufen. Die komplette Verantwortung dafür, ob alle Tiere vorab tatsächlich gesichtet worden sind, bleibt aber immer beim jeweiligen Bauern oder Schäfer. Die sinnvollste Idee ist es deshalb, so der Schäfer, wenn wir die Flächen selbst schonend abgehen, bevor die Heuernte beginnt.

Gehen kann ich ja, kein Problem. Ich biete also sofort meine Unterstützung an. Der Schäfer schreibt mir, ich soll den rot markierten Kitzbereich parfümiert betreten. Ich halte das für einen Witz. Parfümiert auf das Feld? Da wo sich Fuchs und Hase gute Nacht sagen, soll ich gut riechen? Olfaktorische Verschwendung, nenne ich das. Ich denke an meinen Schaftagen ja an vieles, aber selten an eine fruchtige Duftnote. Der Geruch der Herde übertüncht garantiert jedes Parfüm, nach dem Kuscheln mit den Schafen bleibt da nicht viel mehr als ihr Eigengeruch. Aber heute geht es ja um Rehe, und die reagieren sehr empfindlich auf menschliche Geruchsspuren. Meine Duftmarke soll der Rehmutter klar das warnende Signal geben: Achtung, hier ist etwas los. Sie wird ihr Kitz dann in einen Bereich außerhalb meiner Duftspur mitnehmen, das ist zumindest der Plan. Ganz schön clever vom Schäfer, diese Methode des »nasalen Beunruhigens«.

Ob die Rehe die frische Note von *Chanel Chance* mögen? Bisher hatte ich darauf jedenfalls nur positive Reaktionen, viele mögen den Duft. Aber ich soll das Reh ja nicht anlocken, sondern eher abschrecken, damit es von mir wegläuft, in den Außenbereich der Mähfläche. Vielleicht trage ich doch lieber ein paar Duftproben aus der Parfümerie auf, die ich selbst nicht gut riechen kann. Einen bis drei Tage vor der Heuernte soll ich meine Spuren für die rehschen Nasenflügel im rot markierten Terrain hinterlassen. Was mache ich denn, wenn tatsächlich ein Kitz im hohen Gras vor mir liegt? Rehkitze dürfen nämlich unter keinen Umständen berührt werden, so viel weiß ich. Würde ich versuchen, ein Kitz selbst vom Gefahrenort wegzutragen, wäre das der Anfang vom Ende, da die Rehmutter ihren Nachwuchs nicht mehr annehmen würde. Den Fuchs würde es freuen, das Rehkitz nicht. Wenn ich also ein Kitz finde, werde ich einfach das tun, was mir sonst nicht so liegt: nichts. Ich werde hoffen, dass die Mutter es nachher an einen anderen Ort bringt, und den Schäfer informieren. Direkt vor der Mahd können wir dann noch einmal nachschauen, ob das Kitz verschwunden ist. Das ist übrigens auch ein Tipp für Sie, liebe Leser*innen, falls Ihnen das Leben einmal ein Rehkitz vor die Füße legt: Nichts tun, bei Gefahr eventuell Profis informieren.

»Aber bitte nichts *platttrampeln*«, erwähnt der Schäfer noch, bevor er mich losschickt. Weiß er denn nicht, dass ich bereits seit Jahrzehnten mit Schuhgröße 41 durch das Leben latsche? Wie soll man mit diesen Riesenfüßen bitte nicht nichts platttrampeln? Ich kann die Weide ja schlecht auf Zehenspitzen betreten. Seien wir ehrlich: Ich werde Spuren hinterlassen, auch im Gras. Ich werde mir Mühe geben, mehr kann ich nicht versprechen.

Die Kitzsuche ist so etwas wie der Auftakt der eigentlichen Heuernte. Am Erntetag ist es trotzdem noch wichtig, dass ein Feld von innen nach außen gemäht wird, sodass Kitze, Hasen und anderes Wild Stück für Stück nach außen gedrängt werden.

Das Mähen selbst ist dann der zweite Schritt auf dem Weg zum Heu. Der dritte wichtige Arbeitsschritt bei der Heuernte ist das sogenannte »Zetten«, also das Wenden des Heus, damit das Gemähte zeitgleich trocken ist. Heu ist übrigens nicht gleich Heu, auch das habe ich gelernt. Das »gute« Heu ist ohne Brennnesselaufwuchs und wächst eher auf den mittigen Wiesenstellen. Das ist für die Pferdebesitzer. Es wird vom »normalen« Heu, dem für die Schafe, getrennt. Das Wenden wird pro Mähfläche einige Male wiederholt, vielleicht drei bis fünf Mal, das hängt von der Sonneneinstrahlung und der Windgeschwindigkeit ab.

Nach dem Wenden kommt bei der Heuernte noch das »Schwaden«. Dafür muss das Heu richtig trocken knistern und stauben, wenn wir drüber laufen oder es erneut wenden. Der Schäfer bucht einen Bandrechen, der das Heu in diese langen auf dem Feld liegenden Würste, die Schwaden, vorlegt. Im Idealfall laufen alle Schwaden perfekt geradeaus. Sollte es dennoch Kurven geben, müssen die in weitem Bogen liegen, sonst packt die Heupresse das später nicht. Erst wenn diese Bahnen schön liegen, können wir sicher sein, kein Kitz oder Hasen erwischt zu haben. Tote Frösche oder Kröten haben die Störche, die in großer Vielzahl in der Region angesiedelt sind, dann schon längst gefressen. Was vom Bandrechen nicht erwischt wurde, wird von uns mit der Heugabel so gezogen, dass es wieder auf dem Schwadhügel liegt. So viele Schritte, so ein sensibles Timing und ich dachte bis heute, der Bauer setzt sich auf den Trecker und mäht mal kurz das Feld ab.

Das Pressen ist der vorletzte Schritt vor dem Abtransport der Ballen. Dafür kommt ein Bauer aus dem Nachbardorf, der einen großen Hofladen besitzt. Der Schäfer ist mit dessen Sohn zusammen aufgewachsen. Der Bauer presst alles in Rundballen, die unter einer luftdurchlässigen Plane auf dem Hof gelagert werden. Es sind oft 20-Stunden-Tage. Schwere Arbeitstage. Der Abtransport ist dann weniger zeitkritisch als alle anderen Arbeitsschritte zuvor. Damit wäre die Ernte geschafft.

Kitzsuche, Mähen, Wenden, Schwaden, Pressen, Abtransport! Wie eine Sechserkette an landwirtschaftlichen Vokabeln sage ich mir die einzelnen Arbeitsschritte vor der Heuernte auf. Der Schäfer kennt diese Abläufe seit Kindertagen, für ihn sind sie normal. Wie kann es sein, dass ich schon an hunderten und aberhunderten von Feldern vorbeigefahren bin, mit dem Rad oder mit dem Auto, allein oder mit den Kindern auf dem Rücksitz, und mir noch nie, wirklich nie Gedanken darüber gemacht habe, wie viel Arbeit das alles für einen Landwirt ist. Wie viel da insgesamt dazugehört. Wie lange es dauert, vom Saatkorn bis zu Ernte. Ich bin doch viel im Reitstall, ich esse Brot, und ich weiß nichts vom guten und schlechten Heu? Vom richtigen Erntezeitpunkt und den Besonderheiten der Feldarbeit? Wieso war ich so ignorant und habe so vieles als selbstverständlich hingenommen? Dabei stelle ich doch beruflich anderen und mir auch dauernd Fragen. Morgen kaufe ich mir in der Nachbarschaft beim Bäcker ein frisches Brot aus regionalen Zutaten. Bisher habe ich kaum darüber nachgedacht, woher dessen Mehl kommt, welche Sorgen und Mühen die Bauern haben, die dieses Mehl liefern.

Dieses Jahr mit dem Schäfer hat mich schon jetzt so reich mit neuen Eindrücken beschenkt. Nie wieder werde ich achtlos einen Kanten Brot im Biomüll entsorgen, nur weil er mir nach zwei Tagen schon etwas hart erscheint.

Fürs Erste aber lasse ich die Landwirtschaft hinter mir und fahre zurück in die City. Dort erwartet mich zu Hause die Sechserkette der Familienabläufe: Einkaufen, Geschirrspüler einräumen, Geschirrspüler ausräumen, Töpfe abwaschen, Abendessen vorbereiten, Tisch decken.

Meine Gurus haben Fell

LEKTIONEN IM ENTSCHLEUNIGEN

Der Sommer schreitet voran. Bäume, Büsche und Blüten strotzen vor Kraft, das zarte Frühlingsgrün der Pflanzen hat sich in ein sommersattes Grün bis Dunkelgrün verwandelt. Die Kronen der Bäume gleichen überdimensionalen Schirmen, ihr Blätterwerk bietet Schutz vor der flirrenden Sonne. Die Blüten an den Zweigen leuchten schon am frühen Morgen so intensiv, als nähmen sie an einem Schönheitswettbewerb teil.

Ich habe den Wagen etwas weiter weg geparkt und laufe einige Minuten zur Weide, auf der die Schafe stehen. Die Vögel zwitschern und erfreuen mich mit ihrem Gesang, sie fliegen rege zu ihren Nestern. Um diese Zeit ist kein Mensch unterwegs, ich habe die Feldwege für mich allein.

Seit einigen Monaten pendele ich nun schon zwischen Stadt und Land, und manchmal frage ich mich, ob ich das wohl zu einem Dauerzustand machen könnte. Rausziehen aufs Land? Es gibt mittlerweile sogar Initiativen in ländlichen Regionen, die Städter*innen einladen, das Kleinstadtleben, das Leben auf dem Land kennenzulernen. »Summer of the Pioneers« war so ein Projekt für Probewohnen und Co-Working auf dem Land, dank Digitalisierung kann das Homeoffice ja auch im ländlichen Raum liegen. Raus aus dem Alltag, raus aus dem gewohnten Trott, sich neuen Wohn- und Mobilitätskonzepten öffnen – warum nicht? Experimentierfreudig sein und vielleicht das Beste aus beiden Welten mitnehmen. Wäre das am Ende genau die Lösung für die große Sehnsucht nach mehr Natur, oder doch nicht mehr als ein mieser Kompromiss? Was würde das dauerhafte Pendeln zwischen den Welten in uns auslösen? Ein Bein in der pulsierenden Stadt und eines im Stall?

Die Frage, wo der beste Ort zum Leben ist, eher auf dem weiten Land oder in den belebten Großstadtstraßen, hat schon Generationen von Menschen beschäftigt. Bisher war es für mich immer die Stadt, aber ich beginne zu zweifeln. Was und wo ist es lebenswert? Entwickeln sich nicht gerade überall gesellschaftlich und politisch alternative Wohnformen, Gemeinschaften? Karriere ist heute nicht mehr nur in der Stadt möglich. Eines ist aber sicher: den Sternenhimmel ohne Lichtverschmutzung und absolute Ruhe, das bekommst du nur auf dem Land. Meine Weidebesuche sind jedenfalls ein Ritual des Auftankens geworden.

Während ich über die stillen Feldwege schlendere, schaue ich mir die Pflanzen und Tiere an, alles um mich herum. Etwa ein halbes Jahr meines Experiments ist nun schon vergangen, und ich erkenne fast jede Woche einen Unterschied, eine jahreszeitliche Veränderung. Ich denke an den Kreislauf des Lebens, über das ewige Werden und Vergehen und daran, dass all dies – Bäume, Weiden und Schafe – wahrscheinlich noch da sein wird, wenn ich längst nicht mehr bin. Es geht immer weiter und alles hat seine Zeit, das wird mir von Besuch zu Besuch deutlicher. Im Winter scheint die Natur zu sterben, sich zur Ruhe zu legen, und im Frühjahr wird sie neu geboren. Die Sonne geht abends unter und morgens wieder auf. Tag für Tag für Tag für Tag. Die Hinduisten und Buddhisten glauben an den ewigen Kreislauf des Lebens, in dem sich Geburt und Wiedergeburt beständig wiederholen. Ich finde diese Vorstellung tröstend, es gibt kein Ende, keinen Zeitstrahl, der vom Anfang auf ein Ende zuläuft.

Die Natur überrascht mich mit ihrer immer wiederkehrenden Frische, sie scheint unsterblich. Und wir Menschen? Verändern uns, wachsen aus Schuhen und Frisuren heraus. In meinem Gesicht sehe ich jetzt Falten, in den Augenwinkeln, am Hals, aber der alte Rhododendron beim Nachbarn blüht jeden Frühling frisch und neu. Kein Verfall, kein Alterungsprozess. Unfair. Gerade sind wir erwachsen, verstehen ein wenig, wie dieses Leben funktioniert, schon rasen wir dem Planet Älterwerden entgegen, kämpfen gegen den physischen Verfall.

Das Licht, das Windspiel in den Gräsern, die glühenden Blüten der Kastanien und auf den Bächen, die winzigen Wellen. Eine fast schmerzliche Schönheit. Wie flüchtig unsere Menschenleben sind, wie zerbrechlich und kurz unser Zeitfenster auf dieser Erde ist. Nach wenigen Jahrzehnten verschwinden wir, erstaunlich, wie wir es in unserer kurzen Daseinsdauer wagen den Planeten auszubeuten. Wie wenig wir tun, um die Zerstörung der Welt zu mindern.

Alles braucht Zeit und Zartheit im Werden, zu viel Druck und Hektik beschleunigen nichts, das Gras wächst eben nicht schneller, wenn man daran zieht. Hätte ich das für mein Leben eher lernen müssen? Ich war oft schnell hektisch, übereilt, ungeduldig. Ob mit Kolleg*innen, bei Diäten oder in Partnerschaften. Doch das Leben braucht Zeit, um zu gedeihen, Verbindungen müssen langsam und zuverlässig aufgebaut werden, mit Hektik erreicht der Mensch wenig. Vielleicht habe ich Verbindungen, auch der Nähe zu mir selbst, oft nicht genug Ruhe gelassen. Ein weiterer Grund, warum ich diese Morgenstunden in der Natur so genieße, es ist Zeit für mich, die ich mir sonst kaum gönne. Eine achtsame Ruhe breitet sich in mir aus.

Sobald ich mich der Herde nähere, werde ich gelassener, das spüre ich von Samstag zu Samstag deutlicher. Ich lerne, mich dem Rhythmus der Natur, der Tiere anzupassen, meine Schrittge-schwindigkeit verlangsamt sich. Das Lebenstempo zu drosseln ist für jemanden wie mich eine enorme Herausforderung. Ich bin ein Mensch, der schwer entspannen kann, eher mit Highspeed durch das Leben rast. Im Alltag jongliere ich mit meinen verschiedenen Rollen und Tätigkeiten als Autorin, Moderatorin, Podcasterin, Mutter und Ehrenamtliche. Das Leben ist turbulent, und ich bin mittendrin. Die Natur wirkt da wie eine natürliche Bremse auf mich. Als würde mir jemand fest in die Augen schauen und sagen: Achte auf die Details des Lebens, lass dir Zeit, die Winzigkeiten zu entdecken, wie zum Beispiel den Hirschkäfer, der durch das trockene Laub krabbelt, oder die Biene, die Nektar saugt. Sei auf-merksam.

Ich spüre, in den kommenden Jahren werde ich mehr von die-sen natürlichen Krafttankstellen brauchen.

Das Klingeln der kleinen Glöckchen mischt sich mit dem Vogelgezwitscher. Gleich kann ich die Herde auch sehen, noch eine Wegbiegung. Da stehen sie, im Morgenlicht. Ich setze mich an den Waldrand und beobachte die fressenden Schafe. Meine Schafe, nenne ich sie heute Morgen in Gedanken, weil sie mir so ans Herz wachsen. Ich nehme den Duft des Waldes wahr, höre ge-nau hin, spüre einen leichten Luftzug im Gesicht.

Wie Kaugummi kauend steht die Herde da. Das ist kein Wun-der, Schafe sind Wiederkäuer, sie würgen ihre Nahrung hoch und kauen sie erneut. Über die richtige Fütterung und das Fressverhal-ten der Schafe habe ich inzwischen einiges vom Schäfer gelernt, mit diesem neuen Fachwissen wirke ich auf so manchem Steh-empfang allerdings etwas nerdy.

Vier Mägen hat ein Schaf, drei sogenannte Vormägen – den Pansen, Netzmagen und Blättermagen –, in denen das rohfaserrei-che, schwer verdauliche Futter für den eigentlichen Magen, dem

Labmagen, vorbereitet wird. Dabei helfen Mikroben, die in den Mägen leben. Der obere Teil des Pansen wird auch Schleudermagen genannt, er heißt so, weil es sein Job ist, das Futter wieder hochzuschleudern. Das ist so, als würden wir einen Film rückwärts gucken. Schafe käuen nur wieder, wenn auf der Weide keine Hektik herrscht und sie sich sicher fühlen.

Ihre Ernährung ist kompliziert, man darf der Herde nicht alles zum Fressen vorsetzen. Wer ein Schaf füttert wie ein Schwein, macht es kaputt, sagen Tierwirte. Für Wiederkäuer ist strukturhaltige Nahrung wichtig. Gras muss eine Mindesthöhe von zehn Zentimetern haben. Sonst ist es eher strukturschwach und der Pansen wird nicht ausreichend stimuliert, die Mikroben ersticken und das Tier verendet. Deshalb müssen Schafe auch an härterer Baumrinde nagen und so festeres Futter zu sich nehmen.

Das im Pansen vorhandene Bakterieneiweiß macht das Futter kleiner, weicher und dann geht es weiter in den Labmagen. Menschenmägen werden zwar mit eingeschweißten Grillwürstchen von der Tankstelle, zuckrigen Erdbeerdonuts oder Döner mit Pommes fertig, aber von den Grasmengen, die ein Schaf zu sich nimmt, könnten unsere Mägen maximal fünf Prozent im Verdauungsprozess verwerten. Schafe leisten das durch das Wiederkäuen, täten sie es nicht, würden sich zu viele Gase in ihrem Inneren bilden. Durch Pupsen kann ein Schaf zwar viel CO_2 rausblasen, aber bei Weitem nicht alles. Das Tier würde sich aufblähen wie ein übergroßer Kirmesluftballon, es würde zu einem sogenannten Blähschaf werden. Das sind furchtbare Bilder, wenn Schafe daran erkranken. Zum Glück habe ich das in diesem Jahr mit der Herde nicht erlebt, darüber bin ich sehr erleichtert.

Ich sitze nahe der Weide, am Rand des Feldwegs. Der Morgen reibt sich die Augen, ich bin beim Aufwachen der Welt dabei. Ich gucke die Schafe an, sie schauen mich an. Gegenseitiges Downstaring, wer zuerst wegschaut, hat verloren. Sie kauen weiter, ich gucke weiter. Was für ein friedlicher Anblick.

Hinter mir beginnt der Wald. Die Baumkronen explodieren und strotzen nur so vor praller Kraft. Wir wollen die Herde heute wieder auf eine andere Weide führen, eine Strecke von fünf Kilometern liegt vor uns. Ich richte mich innerlich schon mal auf die Entfernung ein. Jetzt im Sommer sind Jungtiere und Lämmer bei der Herde, die noch nicht viel Erfahrung haben und schnell erschöpft sind. Einfach wird es nicht, aber ich bin ja ein grundsätzlich optimistisches Gemüt und gehe davon aus, dass die Dinge uns vereint gelingen und wir die Schafe sicher an ihren neuen Weidegrund geleiten werden. Dort breitet sich die Amerikanische Traubenkirsche aus, eine invasive Art, die als Unkraut und »Waldpest« gilt. Sie ist sehr anpassungsfähig und wird durch ihre Wurzelsprossenbildung schnell zur Plage, deshalb sollen die Schafe sie in Schach halten. Die Bäume produzieren eine riesige Meng an Saat, ihre Kirschkerne sind über mehrere Jahre keimfähig. Vögel helfen natürlich auch bei der starken Verbreitung. Durch die Beweidung wird die Traubenkirsche in ihrem Wachstum hoffentlich zurückgedrängt, damit sie sich nicht mehr so schnell vermehrt und einheimische Baumarten wieder mehr Platz haben. Heiden, Dünen, Moore – will man den offenen Charakter dieser Landschaften erhalten, muss die Ausbreitung der Amerikanischen Traubenkirsche verhindert werden.

Der Sohn des Schäfers, eine Schafpatin und ich unterstützen den Schäfer heute. Langsam trudeln alle ein, der Jungschäfer ist müde. Er war den gestrigen Tag über bei den Übungen der Freiwilligen Feuerwehr im Dorf aktiv und hat abends wohl länger an der Konsole gezockt. Der Schäfer ruft uns zusammen und erklärt, was heute auf uns zukommt. Eine schafige Lagebesprechung. Wir tragen schon alle unsere knallgelben Warnwesten. Der Hütehund ist aufgeregt, auch er trägt eine Warnweste. Schafprofis am Werk.

Wir brechen auf zum Mooskiefernwald in Dudenhofen, das ist unser Ziel. Auf den fünf Kilometern bis dahin kann einiges passieren: Schafe auf den Gleisen, Schafe auf der stark befahrenen Landstraße, Schafe, die zu humpeln beginnen, sich an den Klauen verletzen, ermattete Jungschafe. Wir nehmen als erste Etappe die Überquerung der Bahnlinie in Angriff. Die Herde hat in einem nahegelegenen Auslauf schon etwas gefressen, sie ist dennoch energiegeladen. Wir gehen schnell, flankieren seitlich, vorne und hinten die Herde und ab und zu lege ich einen kleinen Sprint ein, um nicht den Anschluss zu verpassen.

Der Schäfer läuft an der Spitze, bis er auf einem Feldweg etwa hundert Meter von der Bahnlinie entfernt anhält. Er ruft den Bahnbezirksmeister an. Dieser muss das Stellwerk in Offenbach-Ost informieren, dass wir gleich in Heusenstamm mit den Tieren die Gleise überqueren wollen. Er gibt auch dem Polizeimeister in der örtlichen Polizeidienststelle Bescheid, die danach unsere Straßenüberquerung absichern soll. Diese dreifache Telefonkette muss stehen und wird vorab genau geplant, aber der zuständige Fahrdienstleiter weiß bei unserem Anruf von nichts. Er ist irritiert, hatte Nachtschicht, klingt müde. Sein Dienstwechsel steht gleich an. Er gähnt. Der Schäfer hatte am Tag zuvor mit dem Kollegen alle Details genau abgesprochen, nun stehen wir zur vereinbarten Zeit am abgesprochenen Standort und der Schäfer muss verbal zurück auf Los.

Er erklärt dem diensthabenden Fahrdienstleiter, dass wir mit der Herde zügig zum Mooskiefernwald nach Dudenhofen umsiedeln wollen. »Echte Schafe habt ihr dabei?«, fragt der Fahrdienstleiter und lacht. Er kommt ins Plaudern und berichtet dem Schäfer, dass er erst letzte Woche eine leckere Lammkeule mit Rosmarin gegessen hat. »Interessant«, sagt der Schäfer, er bleibt noch gelassen und bittet ihn, ob er uns eine Freigabe erteilen kann, dass die Strecke frei ist. Damit wir in den nächsten fünf Minuten gefahrlos die schrankenlosen Gleise passieren können. Die Herde wird langsam unruhig, die Tiere beginnen an den Büschen am Wegesrand zu rupfen. »Mein Opa hatte auch Schafe«, sagt der Fahrdienstleiter jetzt. »So weiße, mit ganz viel Wolle, Mensch wie hieß die Rasse denn noch?«, will er jetzt vom Schäfer wissen. Der Tonfall des Schäfers wird etwas ungeduldiger, er bleibt dennoch freundlich. Nennt drei bis vier unterschiedliche Rassen. Ich gehe davon aus, dass wir hier bei Sonnenuntergang noch stehen. Der Fahrdienstleiter denkt nach, ruft am anderen Ende der Leitung beim Wort Merinoschafe laut auf und sagt: »Genau, genau, das waren sie. Richtig. Also, wo wollen sie denn nun hin?« Der Schäfer nennt erneut den Mooskiefernwald und erhält die Nummer der zuständigen Polizeidienststelle. Er atmet auf. Auf der Wache klingelt es recht lange. Auch der diensthabende Polizist weiß nichts von einer Schafherde, die Bahngleise überqueren will, er muss erst seinen Chef fragen. Der diensthabende Chef will wissen, was wir für Schafe dabeihaben und wie viele. »Weiße, gräuliche und schwarze Schafe«, sagt der Schäfer, langsam weniger gelassen. Wirklich keiner hat am Vortag die vom Schäfer vorbereiteten Informationen an die Kollegen weitergegeben.

Endlich erhalten wir das »Go« und die Information, dass in den kommenden Minuten keine Bahn zu erwarten sei. Wir treiben die Herde über die Gleise, alles geht gut. Auf der anderen Seite angekommen, ruft der Schäfer zuerst wieder die Polizeidienststelle in Heusenstamm an. »Das ging aber fix. Dachte, Schafe seien langsam«, sagt der Polizist, und »die Kollegen stehen dann mit dem Dienstwagen vor Ort, wenn sie die Landstraße für ihre Herde kurzfristig absperren. Melden Sie sich, wenn sie am vereinbarten Treffpunkt stehen.«

Wir verlassen das Wohngebiet. Aus festen Straßen werden erst Schotterwege und später sandige Waldwege, ab und zu überqueren wir kleine asphaltierte Brücken. Die Büsche werden größer und der Bewuchs dichter. Überall surren und arbeiten Insekten, Bienen summen. Die Herde bleibt eng zusammen, fast laufen die Schafe wie beim Schulausflug in Zweierreihen. Ihr Tempo bleibt hoch, trotzdem halten die Lämmer im Windschatten ihrer Muttertiere gut mit. Es scheint, wir alle, Tiere und Menschen, sind hoch konzentriert. Kein Schaf bricht groß aus. Nur ein Jungbock kaut sich an einem leckeren Ast fest und scheint uns alle vergessen zu haben. Ich laufe zurück, biege den Zweig hoch und bringe ihn so dazu, sich wieder der Gruppe anzuschließen.

Waldweg nach Waldweg durchlaufen wir. Weiter über satte Wiesen und Brücken, die über kleinere Straßen führen. Das Klackern der Klauen auf dem Asphalt und die Glöckchen am Hals der Tiere bilden einen guten Klangteppich, während wir stetig einen Fuß vor den anderen setzen. So muss sich das Leben als Wanderschäferin anfühlen, denke ich. Schön, aber man ist als Schäfer immer auf sich allein gestellt. Nicht einfach.

Wir kommen mit der Herde an Spaziergängern vorbei. Sie bleiben am Wegesrand im hohen Gras stehen, nehmen die Kinder an die Hand, zeigen auf einzelne Tiere, staunen und bewundern die Herde. So wie ich damals, in der Lüneburger Heide, mit meinen Großeltern. Jetzt, Jahrzehnte später, habe ich an mein damaliges Sekundenglück angeknüpft.

So lange habe ich den Schatz in mir gehütet, in diesen Monaten lebe ich es ungetrübt und leicht aus. Ich teile meine Freude mit den Kindern am Wegesrand und winke ihnen zurück. Dabei gerate ich ein wenig ins Träumen und falle mit meinen Schritten zurück. Merke nicht, dass drei Merinos sich im Graben über den Klee hermachen. Kemmy-Abby rast an mir vorbei, scheucht sie hoch. Der Hund ist aufmerksamer als ich. Er kneift die Schafe in die Hinterbeine. Die Ausbrecher müssen ihr grünes Festmahl rasch beenden, wir anderen laufen weiter.

In wenigen Minuten sind wir an der Landstraße und sehen

schon den Streifenwagen, der auf uns wartet. Werden alle Autofahrer Geduld haben, bis wir die Straße überquert haben? Oder werden sie hupen, sich schimpfend aus dem Fenster lehnen? Ich bin gespannt. Eben noch hat uns die Landschaft umhüllt, hat uns das Waldgrün eng in den Würgegriff genommen, Zweige peitschten Mensch und Tier in die Gesichter, tote Äste knackten unter meinen Gummistiefeln, und nun stehen wir plötzlich am Waldesrand. Nur wenige Meter entfernt rauschen in hohem Tempo Busse, Lkw und Autos auf der Straße vorbei. Wir schauen aus unserem belaubten Schutz hinaus auf den Verkehr. Es fühlt sich an, als zerschneide die Landstraße mit ihren Abgasen und ihrem Lärm die grüne Lunge.

Diesen Verkehr gilt es nun kurzfristig für uns zu stoppen. Menschen müssen zur Arbeit, zum Arzt, zum Bahnhof, sind zeitlich knapp dran, vielleicht hat nicht jeder Geduld und Muße auf unsere Schafe zu warten, sich über den Anblick zu freuen. Der Schäfer geht vor, bespricht die Lage mit der Polizei, wir bleiben mit der Herde zurück. Ich stehe neben Lio, der Schafpatin. Wir lassen die Herde nicht aus den Augen und haben durch die unverhoffte Pause zum ersten Mal die Chance, ein paar Sätze miteinander zu wechseln. Sie ist Mitte fünfzig, wirkt zart und erzählt mir ein wenig von sich, denn ich bin neugierig, wie es bei ihr mit der Schafliebe angefangen hat:

»Ich bin mit Schafen aufgewachsen. Ein Wanderschäfer ließ seine Herde immer in der Nähe unseres Hauses grasen, meine Schwester und ich sind täglich zu ihm gerannt. Schafe sind eine tiefe Kindheitserinnerung für mich. Freude, zu Hause sein und sich wohlfühlen: das vermittelt mir die Herde. Unter Schafen fühle ich mich einfach wohl. Sie strahlen für mich Wärme, Ruhe, Gelassenheit und Zufriedenheit aus. Sie leben immer im Moment. Ich fasse auch gerne in die wächserne Wolle, ich mag den Geruch. Jetzt habe ich hier ein Patenschaf, die Lissi. Solange ich zahle oder solange Lissi lebt. Mein Sohn hat mir die Patenschaft zum Geburtstag geschenkt, eine große Freude für mich. Meine Lissi ist kein Zackelschaf, sie hat auch keine Hörner, sie ist ein Mix aus Rhönschaf und Schwarzkopfschaf. Die haben so ein schönes dunkles Gesicht und schwarze Beine. Ohne die Initiative meines Sohnes hätte ich wohl kein Patenschaf und wäre nicht mit dir hier bei der frühmorgendlichen Umsiedlung.

Inzwischen habe ich schon so viel vom Schäfer gelernt, über Landschaftspflege, das richtige Futter, die Pflege der Tiere. Bei ihm und der Herde habe ich mich sofort wohlgefühlt. Mich beeindruckt immer wieder, wie schnell ich beim Besuch auf der Weide auftanken kann und wie gut mir das Anpacken tut. So ein morgendlicher Weidenwechsel wie heute ist natürlich schon etwas Besonderes. Wir sind ja bei Sonnenaufgang losgelaufen, erleben, wie die Natur langsam erwacht, es sind kaum Menschen unterwegs und wir laufen mit den Schafen zur nächsten Weide – herrlich ist das.

Ich finde, von den Schafen können wir Menschen viel lernen. Gelassenheit und Ruhe zum Beispiel. Aber auch das Miteinander, das aufeinander Aufpassen. Ich beobachte gerne die Schafe, wie sie einfach dastehen, fressen, verdauen. Einfach im Moment sein und auf die Schönheit der Welt schauen, das sollten wir alle wirklich öfter machen.«

Der Schäfer kommt zurück, das unterbricht unser Gespräch. Jetzt gilt höchste Konzentration. Der Jungschäfer gibt uns ein Zeichen, wir verteilen uns neu auf unsere Positionen. Zwei Polizisten haben inzwischen die Straße gesperrt, sie sehen beide erstaunlich jung aus, ich muss an die alten *Police Academy*-Filme denken. Ihr

Dienstwagen steht auf der linken Straßenseite blaulichtblinkend quer zur Fahrbahn, die rechte sperren sie mit ihren ausgebreiteten Armen ab. Zwischen dem Blaulicht und sich selbst bilden sie eine schmale Gasse für uns. Wir setzen uns mit der Herde in Bewegung und treten aus dem Dickicht des Waldes an den Straßenrand, der Schäfer geht zügig vor.

Jetzt muss alles reibungslos funktionieren. In den Autos werden Handys gezückt, Fenster heruntergelassen und die Herde gefilmt. Zum Glück bleiben die Schafe noch ruhig. Aufgeregte Kinder beugen sich hinaus, lachen, deuten auf die Tiere, lassen dafür sogar ihre Switch-Konsole für einige Minuten auf der Rückbank liegen. Das echte Leben trippelt gerade an ihrem Auto vorbei, Glöckchen bimmeln. Wir nähern uns der Straße, zwei Schafe laufen viel zu schnell voran, überholen den Schäfer, er ruft sie energisch zurück. Wenn sie in dem Tempo weiterlaufen, verpassen sie die Gasse, in die wir einbiegen sollen, alle anderen Tiere der Herde würden ihnen folgen. »Werden die jetzt geschlachtet, Mama?«, ruft ein Kind aus einem Autofenster. Ich schüttele im Vorbeilaufen den Kopf und sage ihm, dass wir in den Mooskiefernwald gehen und die Schafe da sehr viel Auslauf haben werden.

Die ersten Tiere überqueren die Landstraße. Drei Zackelschafe bleiben in der Mitte stehen. Wie eingefroren verharren sie. Als stünden sie vor einer unsichtbaren Ampel oder als warteten sie auf eine Extraeinladung, das unbekannte Terrain betreten zu dürfen. Ein Merino schnuppert am Kühlergrill eines dunkelblauen Jeeps. »Wehe die Hörner eurer blöden Schafe zerkratzen meine Sonderlackierung. Dann zahlt aber eure Versicherung«, ruft der Besitzer genervt, seinen Motor hat er für die kurze Wartezeit nicht ausgestellt. Wir ignorieren ihn.

Lio treibt die Herde von hinten an. Es dauert, bis auch die Lämmer mit ihren Muttertieren die Strecke bis zu den Polizisten zurückgelegt haben. Irgendwo hupt jemand. Die jungen Tiere sind schon müde. Beherzt schnappe ich mir eines der Lämmer und trage es über die Straße, ich spüre seinen warmen Atem auf meinem Unterarm. Das erneute Hupen macht mich wütend, die Herde unruhig, aber ich kann nicht von meiner Position weg, um diesem ungeduldigen Mitmenschen einen verbalen Einlauf zu verpassen. Endlich trottet das letzte Schaf über den Asphalt, es ist Lissi. Lio zeigt mir Daumen rauf. Geschafft, wir sind erleichtert.

Ein Polizist steigt in den Wagen, stellt das lautlose Blaulicht ab und gibt die linke Spur frei. Motoren werden gestartet, ein Soundteppich aus Auspuffgeräuschen und Musikfetzen aus den offenen Fenstern rauscht an uns vorbei. Schnell entfernen wir uns einige Meter von der Landstraße und laufen in einen kleinen Feldweg hinein, unser Schritttempo hat aber nichts mit dem vorbeirauschenden Verkehr auf der Landstraße zu tun. Auch die rechte Fahrspur wird freigegeben, wieder ist Motorenstarten zu vernehmen, entfernt hupt erneut jemand. Wie ungeduldig muss man sein, wenn dir das Leben nicht mal fünf Minuten schenkt, um eine Schafherde vorbeizulassen?

Manche Menschen werden mittlerweile so aggressiv, dass der Schäfer sich für solche kurzfristigen »Absperrungen« die Autorität der Polizei zur Unterstützung holt. Ab und zu scheren Autofahrer sogar aus, überholen einfach die wartenden Fahrzeuge oder versuchen sich mit dem Fuß auf dem Gaspedal durch die Herde zu drängen. Unfassbar, wie gefährlich das ist. Was stimmt mit denen eigentlich nicht? Wo bleibt der Respekt dem Schäfer und den Tieren gegenüber? Denn garantiert sitzt nicht bei jedem Drängler eine hochschwangere Frau auf dem Beifahrersitz.

Langsam macht sich Erschöpfung bemerkbar. Ich hätte mir etwas zu trinken mitnehmen sollen, mein Hals ist trocken vom aufwirbelnden Staub der Herde. Ein Lämmchen trottet hinterher und verliert den Anschluss zum Muttertier. Ich schultere es und lege es um meinen Nacken, halte es links und rechts an den Vorder- und Hinterbeinen, damit es nicht herunterrutscht. Die Verantwortung für das kleine geschulterte Schäfchen gibt mir neue Energie, mein Schritt beschleunigt sich.

Nach einer endlosen Strecke erreichen wir schließlich den Mooskiefernwald. Ich sehe vier Fahrräder, die am Zaun lehnen. Wie kommen die denn hierher? Der Schäfer hat sie hier gestern schon im Hänger abgeliefert, sie stehen für unsere Rückfahrt bereit. Ich atme durch, wir haben die Herde sicher hergeführt. Langsam setze ich das Lamm ab, lasse es von meinen Schultern gleiten, direkt neben dem Muttertier. Die zwei beschnuppern sich und trotten davon. Ich entspanne mich, kein Tier hat sich verletzt oder ist verloren gegangen. Ein bisschen fühlt es sich an, wie wenn man nach einem Kindergeburtstag die Kids anderer Eltern mit nach Hause nimmt. Die will man ja auch sicher abliefern.

Dunkel ist der Wald hier. Die Bäume stehen dicht an dicht, bilden ein lichtabweisendes Blätterdach. Der Dudenhofer Mooskiefernwald sieht verwunschen aus. Einige Tiere der Herde sind neugierig, sie wollen das neue Gelände erkunden und verschwinden rasch tiefer in den Wald hinein, sodass wir sie schon bald aus den Augen verlieren.

Wenn wir hier in wenigen Minuten auf die Räder steigen und das Gelände verlassen, übernimmt Emil, der Herdenschutzhund. Anders als Kemmy-Abby, die Hütehündin, die die Herde auf Kommando des Schäfers lenkt, arbeitet Emil völlig autark. Ohne einen Hirten, ohne Kommando beschützt er auf seine individuelle Art, mit Ideenreichtum und Erfahrung die ihm anvertraute Herde. Emil ist ein Pyrenäenberghund, ein riesiges weißes Tier. So einen großen Hund hätte ich immer gerne besessen, das ist in der Stadt allerdings nicht machbar und würde ihn sicherlich anöden. Er ist der geborene Beschützer. Anders als unser Familienhund Snoopy, der ist Weltmeister im Couchsurfen und Durchpennen, unterbrochen von Spaziergängen und Leckerlis. Ob in

Snoopy irgendwo ein Beschützerinstinkt schlummert, bezweifle ich.

Ist der Schäfer weg, ist Emil der vierbeinige Chef. Der Weide-Türsteher. Unbestechlich. Ausgebildet, um wachsam die Herde zu beschützen. Er streift frei durch das Gelände. Allein. Auf die Entfernung, in der Nacht, sieht er mit seinem weißen Fell selbst aus wie ein Schaf, doch er ist der Wächter der Herde. Auch wenn er sich auf dem moosigen Grund niederlegt, hat er die Herde im Blick und hält Ausschau nach Eindringlingen, Schafsdieben, Wildschweinen. Emil sieht und hört alles, wie eine Helikopter-mutter ist er immer in der Nähe seiner Schafe, ständig bereit, ein-zugreifen. Dabei hat er keinerlei »Hüte-Diplom«. Emil weiß ein-fach, was gefährlich für die Schafe ist, das ist Teil seiner Natur. Was der Hund als Gefahr erkennt, muss sich mit der Einschätzung des Schäfers decken. Schon Emils Vater und auch dessen Vater davor kamen aus einer Züchtung, in der besonderer Wert auf die be-schützende Qualität der Hunde gelegt wurde.

Emil kommt also aus einer Art tierischen Security-Dynastie. Aber welche Gefahren lauern eigentlich in Mittelhessen? Für mich wären es lange Kellertreppen, die ins Dunkle führen. Für Emil sind hingegen die Saatkrähen, die sich die Lämmchen packen, eine Ge-fahr. Krähen jagen immer zu zweit und suchen sich das Lamm mit den wackeligsten Beinchen als Beute. Oder Wölfe, Wildschweine und diebische Mitmenschen, die über den Zaun klettern, um sich illegal ein Lamm für den Eigenbedarf zu schnappen.

Seitdem Emil wacht, passiert weniger. Der Hütehund ist rund um die Uhr im Einsatz. Immer allein. Du denkst, er schläft, aber er hört jedes Bienchen summen. Wenn Emil bellt, fliegen dir die Haare vom Kopf und du legst die Ohren an. Wenn er dich tief aus seinem enormen Resonanzkörper anknurrt, würdest du ihm so-fort dein Handy, die Schwiegermutter und die restlichen freien Ur-laubstage vor die Füße werfen, nur damit er dich in Frieden lässt.

Streichle ich ihn, und das darf ich nur in Gegenwart des Schäfers tun, wird er zu einem kuscheligen, wohlig grunzenden Eisbären. Er wirft sich auf den Rücken und freut sich über die Zuwendung. Meine streichelnde Hand stockt an einer Dreierkette praller Zecken, die blutgefüllt an seinem Bauch hängen. Mit einer schnellen Bewegung drehe ich sie raus.

Wir schließen den Zaun und teilen die Räder zu. Ich bekomme das Herrenrad ab. Als ich mein Bein über die Fahrradstange schwinge, schaue ich zurück. Emils und mein Blick treffen sich kurz. Schon bald darauf saust unsere Gruppe den Waldweg hinunter, wir lachen, sind stolz auf das Erreichte. Ich nehme die Hände vom Lenker und radle freihändig. Recke die Arme in die Luft und fühle mich für wenige Sekunden wieder wie vierzehn. Das Leben ist schön.

Die Schäfer und die anderen Schäfer, Teil 2

GESPRÄCH MIT ANNETTE VON PAPPENHEIM, LANDWIRTIN, TIERHEILPRAKTIKERIN UND SCHAFBESITZERIN

Annette von Pappenheim lebt in Nordhessen und hat sehr viel Erfahrung mit Tieren. Sie ist keine professionelle Schäferin wie der Schäfer, aber sie hat lange eine vom Aussterben bedrohte Schafrasse gezüchtet. Ich sammele inzwischen Schafemenschen und Schafegeschichten, ich sauge alles an Wissen von erfahrenen Schafbesitzer*innen auf. Ich weiß nicht wann und ob ich ihr Wissen verwenden kann, doch ich lasse es in mich einsickern und erweitere meinen Blick auf diese Tiere.

Annette von Pappenheim wird mir als im Umgang mit Schafen sensible und feinfühlige Gesprächspartnerin von meiner ehemaligen Redaktionsleiterin Karin empfohlen. Ich bin neugierig und rufe sie mehrfach an. Es ist nicht ganz leicht, Frau von Pappenheim über das Festnetz zu erreichen. Als es dann doch klappt, kommt die ehemalige Landwirtin, Tierheilpraktikerin und Besitzerin von sieben Walachenschafen gerade aus dem Stall.

Was fasziniert Sie an Schafen?
Ich bin Landwirtin, außerdem Tierheilpraktikerin. Schon im Studium haben mich die Schafe in der Landschaftspflege interessiert. Und bereits meine Großmutter besaß Schafe. Die sind ja nicht so kuschelig, wie sie aussehen, man sollte sich das alles nicht zu idyllisch vorstellen.

Mit und für Tiere zu arbeiten und für sie zu sprechen, ist meine Berufung. Ich bin ein Tiermensch. Mich fasziniert, was ich mit meinen Schafen erlebe: Gerade mache ich Sterbebegleitung bei einem meiner Tiere, es bekommt von mir allmorgendlich spezielle Kräuter. Das Schaf kann nicht mehr gut laufen, dennoch will es unbedingt nah bei der Herde sein, die Gemeinschaft leben.

Sie haben gesagt, man solle sich die Schafhaltung nicht zu idyllisch vorstellen. Braucht es eher Idealismus, wenn man Schafe züchten will?
Meine Walachenschafe stammen ursprünglich aus der Walachei, sie standen auf der roten Liste und ich wollte diese alte Haustierrasse vor dem Aussterben schützen, sie als Kulturgut erhalten. Deshalb würde ich sagen: Ja, es braucht Idealismus. In diesem Fall um die Rasse weiter zu züchten, sonst stirbt sie ja komplett aus. Ich bin Idealistin, schon vor vierzig Jahren hatte ich in einer deutschen Kleinstadt einen Bioladen. Global gesehen benötigen wir noch mehr Idealisten, würde ich sagen. Mein Anliegen galt der Erhaltungszucht, ich produziere also weder Milch noch Käse und melke nicht.

Wer war Ihr Ansprechpartner für so ein Projekt?
Die *Deutsche Gesellschaft zum Erhalt alter Haustierrassen* (DGH) in Witzenhausen, Hessen. Ich habe ja Landwirtschaft studiert und fummele nicht wie ein Laie, der plötzlich auf

das Land gezogen ist, vor mich hin. Früher hatte ich schon Puten, Hühner, Gänse. Mit dem Umzug nach Nordhessen, auf den elterlichen Hof meines Mannes, war mir klar, dass ich Tiere halten will. Artgerecht selbstverständlich.

Anfänglich gab es nur ein bis zwei Zuchtlinien bei den Walachenböcken, jedes Schaf war irgendwie mit dem anderen verwandt. Bis in Tschechien noch eine dritte Zuchtlinie entdeckt wurde, das half Inzucht zu vermeiden. Über ein recht kurzes Zeitfenster habe ich ein Herdenbuch geführt, den Bestand meiner Herde notiert, versucht meine Tiere an andere Bauernhöfe oder Züchter weiterzugeben. Walachen sind eher flüchtige Tiere, deshalb passen sie gut zu unserem Standort. Ihre Weide liegt an einer Straße, da ist es ganz gut, wenn sie nicht so zutraulich sind, so werden sie weniger geklaut.

Was würden Sie sagen, worauf sollte man sich als Herdenbesitzerin einstellen?

Permanent und beständig da zu sein. Das ist auch eine Art Gefängnis, das ist nicht nur Glück. Eine Herde Schafe ist wie ein Klotz am Bein. Es ist schön, wenn andere Menschen mitziehen und sich auch in die Verantwortung begeben. Denn die Tiere sind immer da, egal wie mies ich drauf bin.

Und es passiert auch immer wieder Unvorhergesehenes. Mein Hammel war sehr zutraulich, jetzt tut er so, als wollte ich ihn auffressen. Er schiebt richtig Panik, wenn ich mich nähere, und reißt den Rest der Herde mit in diese Unruhe. Darüber denke ich oft nach, ich kann es nicht nachvollziehen. Eigentlich ist nie Feierabend mit Tieren.

Was macht, in Ihren Augen, die Schafgemeinschaft so besonders?

In einer Herde gibt es Rangordnungen, Freundschaften und beste Freundinnen. Freundschaften zeigen sich auf der Weide, die befreundeten Tiere sind einfach gerne zusammen. Wenn sie etwas Leckeres entdecken, machen sie sich gegenseitig darauf aufmerksam und lassen die Freundin teilhaben. Innerhalb einer größeren Gruppe bilden sich Familienverbände und kleinere Untergruppen. Mit fünf Jahren werden Schafe heute aber normalerweise geschlachtet, daher haben die meisten Herden kaum noch die normale Struktur von Verbänden. Meine größte Herde hatte einen Bestand von 22 Schafen, jetzt besitze ich noch sieben Walachen. Auch ich werde älter, muss mit meinen Kräften haushalten. Seit Jahren habe ich keine Nachzucht, nur noch eine Familie von einem Muttertier. Ich bin Beobachterin beim Altwerden meiner Tiere.

Gibt es denn bei Schafen bei allem Gemeinschaftssinn auch Machtstreben?

Schwächelt ein Schaf oder wird es älter, versuchen andere in der Hierarchie nach oben zu rutschen. Schafe boxen sich gegenseitig weg beim Fressen. Verliert ein Tier aus der Herde an Kraft, wird es beim Füttern abgedrängt. »Alles meins«, lautet dann die Devise. Den Raum besetzen, Schwäche ausnutzen, das kennen wir doch auch von uns Menschen. Schafe mobben sich sogar, sie sind nicht nur friedlich.

Wie entsteht die Rangordnung in der Herde?

Alter, Erfahrung und Kraft spielt eine Rolle. Bockkämpfe sind richtig brutal. Mit ihrer Behornung können sie sich schwere Verletzungen zufügen oder sich gegenseitig den Schädel

einrammen. Nach der Schur erkennen sich die Herdenmitglieder nicht mehr, da muss die Rangordnung jedes Mal erneut ausgekämpft werden. Das gilt übrigens auch für mich:
Trage ich neue Klamotten oder grelle Farben, erschrecke ich
die Tiere. Ich bin dann wie ein bedrohlicher Wolf für sie und
kann sie nur über meine Stimme beruhigen.

*Was macht die Beziehung zwischen Schaf und Mensch seit
Jahrhunderten zu etwas so Besonderem?*
Sie wärmen und ernähren uns. Auch ich esse das Fleisch
meiner Tiere, es schmeckt lecker. Milch, Wolle, Fleisch, Landschaftspflege, Abweiden: bei Schafen haben wir eine fan-
tastische Mehrfachnutzung und Menschen wissen das zu
schätzen. Außerdem sind Schafe überaus genügsame Tiere.
Sie sind natürlich auch so erfolgreich an unserer Seite, weil
wir sie süß finden, Schafe tauchen nicht ohne Grund in Kin-
derbüchern, Kinderliedern und Kinderserien auf. Sie wirken
so unschuldig auf uns – das hat natürlich auch etwas mit
unserer Kultur und Sprache zu tun. Ich denke zum Beispiel
an das »Lamm Gottes« oder das Schaf an der Krippe Jesu.
Schafe haben Einzug gehalten in unseren Lieder, Religionen und Redewendungen: Es gibt das »schwarze Schaf der
Familie«, das Blasen der Schofar – einem Widderhorn – ist
im Judentum auch heute noch verbreitet, schon in heidni-
schen Zeiten war das Lamm ein übliches Opfertier und in
Märchen oder anderen alten Geschichten hat der Teufel
häufig einen Bocksfuß, um nur einige Beispiele zu nennen.

Können wir Menschen von Schafen etwas lernen?
Die Genügsamkeit der Schafe hat eine unglaubliche Fülle
zu bieten. Schafe grasen einfach, ohne dabei ständig auf
die Nachbarweide zu schauen, ob es da mehr Gras gibt.

Nicht immer mehr zu wollen, führt bestimmt zu einer großen inneren Ruhe. Die Schönheit lauert direkt in unserer Nähe, keiner muss nach Mallorca reisen um sein Glück zu finden. Hauptsache es gibt gutes Essen, das ist uns, genau wie den Schafen, ebenfalls wichtig.

Vermutlich könnten wir von den Schafen auch einiges über Gemeinschaft und das Zusammenleben lernen. Im politischen, gesellschaftlichen, beruflichen und sozialen Kontext bewegen wir Menschen uns ja genauso in Gruppen.

Ich beobachte auch fasziniert das Altern meiner Schafe und wie sie es anzunehmen scheinen. Sie kauen langsamer, wenn ihnen hinten zwei Zähne fehlen. Selbst wenn sie einen Altersstar bekommen und erblinden, werden andere Sinne dann stärker, unterstützen. Die enge Herdenstruktur des Zusammenklebens scheint sich im Alter ein wenig zu lösen, die Tiere werden eigensinniger. Sie entkleben sich, gehen auch mal eigene Wege.

Doch auch von den ganz jungen Schafen können wir etwas lernen: Das selbstvergessene Spielen der Lämmer zum Beispiel. Sich lächerlich machen, leicht sein. Schauen Sie sich Lämmchen an, wie die um ihre Mütter rennen, wie im Kindergarten. Sie üben auf der Weide immer wieder hoch zu springen. Diese kindliche, überschwängliche Leichtigkeit sollten wir viel öfter übernehmen.

Nicht nur durch die Schafe leben Sie ja ein sehr naturverbundenes Leben. Wie wichtig ist das für Sie, was schenkt Ihnen die Natur?

Ich sauge die Schönheit, die die Erde zu bieten hat, mit allen Sinnen auf. Den Wechsel des Lichts, der Jahreszeiten. Den Tau am frühen Morgen, Raureif auf den Grashalmen. Die kleinsten Dinge berühren mich, wenn morgens die Vögelchen singen und die Sonne mir ins Gesicht scheint. Am Abend gehe ich durch meinen Garten, nehme den blühenden Rosenbogen bewusst wahr. Zur Natur gehört das Loslassen. Bäume entledigen sich ihrer Blätter im Herbst, bereiten sich auf die kalte Jahreszeit vor. Die Natur wandelt sich ständig und ist immer perfekt an die jeweiligen Jahreszeit angepasst. Und was machen wir Menschen? Wir lösen uns aus der Einheit des irdischen Daseins, erheben uns über alle anderen Wesen auf diesem herrlichen, wunderbaren Planeten. Wir benutzen und beuten ihn rücksichtslos aus. Dabei gibt es eine Grundsehnsucht nach Natur in uns, danach, uns wieder an Mutter Erde zu binden, da wieder anzukommen. Viele Erwachsene fühlen, anders als Kinder, eine innere Leere. Wären wir doch alle mehr in der Natur, ohne gleich »iiiih« zu schreien, wenn uns eine winzige Spinne über den Weg läuft. Leute, wir sind fünf Minuten vor dem Abgrund, unser Klima ist an einem globalen Kipppunkt. Wir müssen dringend wieder hin zur Wertschätzung für die Tiere, unsere Mitgeschöpfe. Schon die Schulen müssten mehr Naturnähe fördern und im Unterricht Gewässer untersuchen, den Wald durchforsten, solche Dinge.

Annette von Pappenheim erscheint mir wie eine Pionierin in der artgerechten Tierhaltung und dem Verkauf regionaler Nahrung. Ja, es gibt sie, diese Grundsehnsucht in der Natur anzukommen. Ich bin selbst ein gutes Beispiel dafür, denn genau dieses Gefühl war es ja, das mich überhaupt erst auf diese schafige Reise geschickt hat. Aber wie passt das mit unseren Werten zusammen, wie wollen wir leben? Frau von Pappenheim hat schon früh und klar dazu Stellung bezogen, das beeindruckt mich. Wir haben uns nur am Telefon und nicht per Videocall gesprochen. Hätte ich

nicht gewusst, dass Frau von Pappenheim schon einige Lebens-
jahrzehnte auf dem Konto hat, ich wäre nicht darauf gekommen.
Ihre Stimme noch immer leidenschaftlich und engagiert, nach all
den Jahren im Tierschutz und der Aufzucht. Das Gespräch mit ihr
klingt noch länger in mir nach. Als in meinem Heimatort Bremen
in den Achtzigern die ersten Bioläden eröffneten und alle in selbst
gefärbten und selbst gestrickten Pullis im Laden standen, habe
auch ich das noch belächelt. Nicht verstanden, wie visionär regionaler Anbau war, die kurzen Lieferketten, wie wichtig es ist zu
wissen, von welchem Hof das Fleisch oder Gemüse kommt, unter
welchen Bedingungen Tiere auch heute leben. Aber besser man
lernt spät dazu, als nie.

Klauen schneiden und Wunden heilen

GESUNDHEITSFÜRSORGE FÜR SCHAFE

Ich habe gerne die Nägel schön. Ein klassisches knalliges Rot, frisch aufgetragen, macht mich glücklich. Shellack, I love it. Trocknet superschnell und jede*r kann damit sofort den Biomüll rausbringen, Felgen polieren oder einem Schaf die Klauen schneiden. Shellack ist ein unkaputtbarer Gel-Lack und robust wie nordischer Nordseewind. Wenn ich auf der Weide bin, habe ich manchmal den Eindruck, die Mutterschafe stehen auf das Rot meiner Nägel, sie schnuppern oder stupsen mich ungeduldig an der Hand. Aber wahrscheinlich wollen sie nur eine extra Schmuseeinheit und nicht die Nummer meines Nagelstudios.

Das »wanted red« auf den Nägeln hat mich durch viele Schafaktionen begleitet. Alle zwei Wochen gehe ich regelmäßig zur Maniküre. Das mache ich seit Jahren so, und daran ändert sich auch durch meine Samstage beim Schäfer nichts. Egal, ob bei der Schur, beim Verarzten kleinerer Wunden, beim Aufstellen der Zäune oder beim Verteilen des Brots zum Anfüttern: Ich mache alles mit lackierten Nägeln. Ziehe ich die Arbeitshandschuhe aus, bin ich sofort bereit für meinen städtischen Alltag. Es sind zwei Welten, zwei komplett verschiedene Zustände: meine gepflegten, Mikro haltenden Interview-Schreibtisch-Hände und die anpackenden, schaffenden Hände in den fleckigen Arbeitshandschuhen.

Beim Waxing, Augenbrauen zupfen, bei der Pediküre und Maniküre bin ich super ungeduldig. Ich will zwar das Ergebnis, habe aber keinerlei Muße, in den thronartigen Massagestühlen der Kosmetiksalons zu sitzen. Ich empfinde es als eine Zumutung und Strafe, als Zeitverschwendung. Warum wachen wir Frauen nicht einfach mit fantastisch gefärbten und gebogenen Augenbrauen und Nägeln auf? Verdient hätten wir es.

Die Pediküre bei den Schafen macht der Schäfer. Ohne gepolsterten Massagestuhl und ohne sanfte Hintergrundmusik. Beim Schaf heißt das auch nicht vornehm Pediküre, sondern ganz einfach Klauenschnitt. Es ist keine Frage des Beautykonzepts und des Wohlfühlens wie bei mir, es ist eine hygienische und gesundheitliche Notwendigkeit.

Jeden zweiten, dritten Tag schaut der Schäfer nach der Herde im Rodgau und besonders auf den Zustand der Klauen. Schafe sind Paarhufer, das heißt, sie laufen eigentlich nur auf dem Zeige- und Mittelfinger über die Weide. Alle anderen Finger haben sich im Laufe der Jahrhunderte zurückgebildet. Ihre Klauen bestehen aus Horn. Die Hufe der Schafe wachsen am äußeren Tragerand schneller als an der Sohle, werden sie nicht regelmäßig geschnitten, können Deformationen entstehen. Oder es entstehen Hohlräume zwischen den Nagelschichten, in denen sich Bakterien einnisten und ungestört vermehren können. Sollten sich Ablagerungen zwischen den Klauen bilden, kann sich der Fuß schlimm entzünden. Moderhinke droht. Als würden wir uns einen schlimmen, fiesen, schmerzhaften Nagelpilz im öffentlichen Schwimmbad einfangen, der sich tief ins Nagelbett reinfrisst.

Moderhinke ist leider keine Seltenheit und weitaus häufiger

und schmerzhafter als Läuse in einer Schulklasse. Kein Wunder, bei den Regenschauern, den nassen Wiesen und dem feuchten Wetter in unserem Land, eine Herausforderung für Schaffüße.

Trotz Klauenpflege und regelmäßigem Weidewechsel kann es zur Moderhinke kommen, denn sie wird durch ein im Boden vorkommendes Bakterium verursacht, das die eitrige Entzündung an der Klaue hervorruft. Dabei kann es zur Abspaltung der Hornschicht vom Huf kommen, wodurch das Bakterium sich so richtig im Huf festsetzen kann. Einfaches Klauenausschneiden und Fußspray reicht da oft nicht mehr. Es bildet sich ein säuerlich-fauliger Geruch und das Tier beginnt unter immer stärkeren Schmerzen zu humpeln. Ab und zu knicken die betroffenen Beine der Schafe ein, wenn der Schmerz durch ihren Körper jagt. Der Schäfer behandelt sie mit Eichenrindenextrakt und hat damit immer wieder gute Erfahrungen gemacht.

Die Moderhinke heilt am besten, wenn die Schafe für eine Weile auf hartem Boden stehen. Dafür legt der Schäfer Holzplatten und Paneele in den Unterstand. Er hat einen strengen und fürsorglichen Blick auf die Herde, beobachtet jedes einzelne Tier genau, wenn wir sie in den Pferch treiben. Noch vor wenigen Monaten habe ich nur geschaut, ob alle Tiere auch tatsächlich zum Pferch laufen und hineingehen. Mittlerweile hat sich mein Blick geändert. Ich achte auf Details. Humpelt eines der Schafe? Hat das kleine rothaarige nicht eine Blessur am Kopf? Dafür gibt es ein Allheilmittel, das der Schäfer stets in der knallroten medizinischen Notfalltasche bereit hat. Eine homöopathische Mixtur aus Ringelblume, Kamille und Propolis. Propolis liefern die Bienen, es wird auch Bienenkittharz genannt und hat eine antibakterielle Wirkung. Gemischt mit etwas Schweineschmalz kann man damit wunderbar Wunden versorgen, zum Beispiel wenn der Hornzapfen eines der Zackelschafe nah am Kopf abgebrochen ist, was bei Rangkämpfen passieren kann. Diese individuelle Mixtur, Marke

Eigenbau, zieht erstaunlicherweise keine Mücken oder Fliegen an, die sich sonst auf die verletzte Stelle setzen und diese verschmutzen könnten.

Verletzungen sind auf der Weide gar nicht so selten. Man darf sich einen abgebrochenen Hornzapfen vom Schmerz her aber nicht wie eine offene Wurzel am Zahn vorstellen, so schlimm ist es nicht. Mit Zahnschmerzen kenne ich mich aus, jahrelang war ich Dauerpatientin in der kieferchirurgischen Praxis. Spritzen in den Gaumen, Schnitte am Gaumen, das ist zum An-die-Decke-Gehen. In der Schafherde gibt es jetzt jedenfalls einige Einhörner. Die gewinnen in den Fabeln und Fantasyromanen ja angeblich immer; wenn ein Einhorn im Team ist, siegt das Gute über das Böse. Ob unsere einhörnigen Schäfchen auch eine magische, heilende Kraft besitzen? Ich bin mir nicht sicher.

Auf dem Weg in den Pferch können Schafe echte Schauspieler sein, vor allem, wenn es ihnen eigentlich nicht so gut geht. Sie erinnern mich oft an Teenager, die uns Erwachsenen auch gerne vorspielen, dass alles in Ordnung und überhaupt kein Problem sei: »Alles cool, ich habe alles im Griff, Mama, chill' mal!« Ich selbst habe nach einem Pferdebiss in den rechten Oberarm meinen Eltern nichts davon erzählt, tagelang geschwiegen. Aus Angst ich dürfte dann nicht mehr zu den Pferden, nicht mehr in den Reitstall.

Regel Nummer eins: Schäfer und Mütter machen sich immer Sorgen.

Regel Nummer zwei: Schäfer und Mütter sind allen Beteuerungen zum Trotz misstrauisch und schauen genau hin.

Im Pferch wird die Klaue angehoben und begutachtet, eventuell nachgeschnitten und sofort versorgt. Die meisten Herdenmitglieder heben brav ihren Fuß hoch und lassen sich problemlos behandeln. Wenn die Scheu oder der Schmerz zu groß ist, dann legen wir sie auch schon mal auf die Seite und untersuchen das Tier zu zweit.

Wir halten auch regelmäßig nach Zecken Ausschau. Nach einem warmen Winter sind die fiesen Blutsauger sofort am Start. Dummerweise teilen sie sich ihre Lieblingsorte mit den Schafen: Wiesenflächen, Grashalme, lichte Wälder. Die Zecken lauern in Bäumen und Büschen und lassen sich auf die warmen Körper, die durch das Unterholz streichen, fallen. Und das sind nicht die einzigen Parasiten, die Ärger machen können.

Wenn der Schäfer zwischen Mai und September die Herde auf Zecken untersucht, checkt er die Schafe auch gleich nach Haarlingen. Er beugt sich dann tief über die Schafwolle, verschwindet fast darin, und sucht in der Unterwolle nach den mikroskopisch kleinen Dingern. Haarlinge sind im Grunde den Läusen sehr ähnlich, nur winziger als winzig, und eine echte Plage. Sie tauchen eher zum Spätsommer, Herbst auf. Für mich sind sie trotz Brille oft nicht zu erkennen, der Schäfer jedoch weiß, worauf er achten muss. Und spätestens, wenn ein Schaf sich ständig zu kratzen versucht, sollte man aufmerksam werden. Für Menschen sind Haarlinge nicht gefährlich, sie befallen ausschließlich Tiere. Auch für diese sind sie nicht direkt gefährlich, aber sehr unangenehm – und durch das ständige Kratzen und Schubbern entstehen oft kahle Stellen bei den Schafen, die Wolle wird minderwertig. Also bleibt der Schäfer aufmerksam, damit er zur Not rechtzeitig einschreiten kann.

Die Gesundheitsfürsorge auf der Weide umfasst aber noch mehr. Wer denkt, so eine Herde muss man ja eigentlich nur grasen lassen und der Rest regelt sich von selbst, täuscht sich. Zum Beispiel kennen auch Schafe Stress und wie beim Menschen ist der nicht eben gesundheitsfördernd. Allerdings werden wir davon zum Glück nicht gelb, das ließe sich wirklich schwer kaschieren. Bei Schafen kann genau das nämlich passieren: man nennt das »Gelbschweiß«. Wie wir Menschen schwitzen auch Schafe unterschiedlich stark, und bei Stress mehr als ohne. Schwitzen die

Schafe stark, kann das zu einer gelblichen Verfärbung der Wolle führen, der feste Schweiß lässt sich kaum herauswaschen und mindert die Wollqualität.

Energiekrise, Klimakrise, Ukraine-Krieg, Inflation, Beziehungsstatus: das sind alles Themen, die uns Menschen nicht schlafen lassen und unseren Blutdruck erhöhen. Was stresst die Schafe? Zu wenig Futter, zu starke Hitze, Wildschweine oder ein Wolf. Oder Unruhe in der Herde durch ein neu dazugekommenes Mitglied. Zwar werden die Neuen in die Routine eingebunden, aber sie müssen sich auch eingliedern wollen. Sind diese Schafe keine Teamplayer, bringt das die Abläufe der Herde massiv durcheinander, die Herde kann ihm/ihr nicht vertrauen. Manchmal kennt der Schäfer die Vorgeschichte der Tiere nicht, weiß nicht, ob und welche negativen Erfahrungen es vielleicht schon erlebt hat. Ähnlich wie bei einem Hund aus dem Tierheim, es kann schiefgehen, muss aber nicht.

Ist der Störenfried nicht konstruktiv, weiß die Herde nicht mehr, wem sie folgen soll: Den Anweisungen des Schäfers, den erfahrensten Tieren in der Herde, oder soll sie sich dem überraschenden Verhalten der Neuankömmlinge anpassen? Normalerweise geben die erfahrenen, älteren Tiere die Abläufe vor. Wie bei den Elefanten. Erfahrung schlägt ungestümes, risikobehaftetes Jungsein. Deshalb remontiert der Schäfer den weiblichen Nachwuchs der Herde, das heißt, der Nachwuchs wächst im eigenen Bestand auf und verinnerlicht die Abläufe von Anfang an. So lernt das »Azubi«-Schaf früh, wie das »Unternehmen« Herde tickt. Wer hat den Hut auf? Wer sagt, wo es Nahrung gibt? Wo sind wir sicher? Schafefragen, aber auch Menschenfragen.

Wenn ich zurückblicke auf die Monate mit der Herde, sind erstaunlich wenige Unfälle passiert. Weder wurde ein Lamm vom Wolf gerissen, noch hat eine Wildschweinrotte die Herde bedroht. Einmal haben Raben versucht, zu zweit ein neugeborenes, noch sehr wackeliges Lämmchen zu packen und sind in den Angriffs-flug übergegangen, aber der Hütehund Kemmy-Abby hat sie ver-trieben. Weder ist ein Schaf in eine Glasscherbe getreten, noch hat sich eines an einem rostigen Nagel verletzt. Es war in dieser Hinsicht wirklich ein gutes, ein ruhiges Jahr.

Meine Kinder hatten in den Monaten mehr zu bieten. Hand-wurzelanrisse, gebrochene Zehen, Unterschenkelhaarriss, Gers-tenkörner, die sich fies am Lid entzündeten, zahnchirurgische Eingriffe, Fahrradsturz ohne Helm und vom Augenarzt neue Di-optrien erhalten. Als Mutter bin ich immer im Erste-Hilfe-Not-fall-Modus und auf einen Anruf aus der Schule oder vom Trainer vorbereitet, dass vielleicht eine Oberlippe beim Sport aufgeplatzt oder besser sofort ein Röntgenbild vom geschwollenen Knöchel gemacht werden sollte. Der ganz normale Alltagswahnsinn mit aktiven Teenagern. Auch meine Gesundheit habe ich mit den Jah-ren immer deutlicher im Fokus, nehme Impf- und Vorsorgeter-mine gründlich wahr, gehe sorgsam mit meinem Körper um.

Aber es ist doch etwas ganz anderes, sich um eine ganze Herde zu sorgen, das Wohlergehen so vieler Lebewesen im Blick zu be-halten. Ich bin froh, dass ich in diesem Jahr keine Notfälle erle-ben musste. Und voller Bewunderung für den Schäfer, der seine Herde so gut versorgt.

Herbst

Schützen, was wir lieben

ES BRAUCHT MEHR MENSCHEN WIE HERRN KEIL

Es ist Spätsommer, ein warmes Hineingleiten in den nahenden Herbst. Langsam verfärben sich die Blätter, die Tage werden kürzer. Morgens sind das Gras und das Laub schön nachtfeucht. Noch kann ich in meinem städtischen Schwimmbad um die Ecke draußen ein paar Bahnen ziehen, nicht mehr lange. Es wird frischer, wenn ich aus dem Wasser steige, lege ich das Handtuch zum Abrubbeln jetzt gleich zum Greifen nah an den Beckenrand. Es sind sommersatte, orangelichtige Tage. Wieder ein Sommer, den es loszulassen gilt. Einen und noch einen, wie viele Sommer reihen sich wohl noch auf meine Perlenschnur des Lebens?

Nun hängen die Bäume voller Obst, Ernte sei Dank. Am Markttag in Frankfurt quellen die Stände über mit regionalen Apfelsorten. Wie konnten sie so schnell verfliegen, diese angefüllten, erfahrungsreichen Monate? Festhalten, festkrallen will ich mich wie eine Lebenswadenbeißerin an den großen und kleinen Glücksmomenten dieses Jahres. Aber nichts, rein gar nichts lässt sich halten. Alles rinnt an mir vorbei im vierundzwanzigstündigen Takt, es gilt zu speichern, was das Erinnerungsnetz einfängt. Ich will mich vor die Zeit werfen und um eine Atempause bitten.

Es sind diese Tage, an denen mein Herz überquillt, ich brauche Ruhe, alles bisher Erlebte zu sortieren. Diese zahlreichen ersten Male auf der Weide, die Aufregung der Tiere beim Zufüttern, die Stille, das Wissen des Schäfers. Nichts, nichts will ich davon vergessen. Ich bin voll Dankbarkeit über die Schönheit der Natur, ihre Kraft treibt mir in diesen Tagen die Tränen in die Augen.

Der Schäfer ist im Urlaub. Das Heu ist geerntet, es stehen keine Geburten an, jetzt kann auch er sich eine kurze Auszeit nehmen. Sobald ein Tierwirt eine Herde hat, kann er ja kaum noch mit der Familie in die Ferien fahren, und wenn er es dennoch tut, hat er wahrscheinlich schlaflose Nächte. Er muss Verwandte, Bekannte oder Nachbarn bitten, sich um das Vieh zu kümmern, wenn er im Meer schwimmt. Der Schäfer braucht immer einen hundertprozentig zuverlässigen Ersatz, der alle Abläufe gut kennt.

Ich allein kann ihm das nicht abnehmen. In Routineabläufen fühle ich mich sicher, aber was ist, wenn etwas Ungewöhnliches passiert? Ein Schaf wird gestohlen, ein Wildschwein durchbricht den Zaun und ich müsste die verstreute Herde wieder einfangen. So sicher, das alles alleine zu stemmen, fühle ich mich dann doch noch nicht. Der Schäfer hat mich auch nicht gefragt, um es deutlich zu sagen, und unter der Woche habe ich zu wenig Zeit, um die Tiere gut versorgen zu können. Ich freue mich jedenfalls, dass er mit seiner Frau einen Tapetenwechsel hat, seine Schäferkleidung vielleicht gegen Flip-Flops und Badehose tauschen kann. Dass er sich ins Meer statt auf Heuballen stürzt und mit seiner Frau essen geht, statt Schafe umzuweiden.

Mein Samstagseinsatz fällt aber trotzdem nicht aus. Der Schäfer hat mich mit Rudolph Keil verkuppelt, der für die Zeit des Urlaubs die Aufgaben des Schäfers übernommen hat und damit wohl auch die Samstage mit mir. Wir treffen uns in Dietzenbach, Industriegebiet Nord.

Herr Keil ist ehrenamtlicher, beratender Vogelschutzbeauftrag-
ter der Gemeinde und engagiert sich schon seit Langem in der
örtlichen Naturschutzgruppe des Kolpingwerks. Über 28 Jahre
hat sich der katholische Sozialverband nun schon der »Bewahrung der Schöpfung« verschrieben, und dieser Maxime dient auch
Herr Keil. Heute ist Kontrollgang, wir wollen gemeinsam nach
der Herde sehen, Fledermaus- und Vogelkästen überprüfen. Aber
nicht nur das: Herr Keil hat auch angeboten, mir mehr von der
Willersinn'schen Grube, einem hessischen Naturschutzgebiet, zu
zeigen.

Ich parke meinen Wagen vor einem Autohaus, der Vogelschutz-
beauftragte und Fledermauskenner kommt mit dem Rad. Er ist
fast achtzig, winkt freundlich und wir kommen schnell ins Gespräch. »Heute ist das Thema der Artenvielfalt ja endlich in den
Fokus gerückt«, erklärt er mir, als wir uns gemeinsam auf den
Weg machen. Er hofft, es bleibt keine modische, kurzfristige Er-
scheinung. Denn von der Vielfalt der Arten ist auch unser Überleben abhängig.

Wie lange er schon Runden wie diese dreht, frage ich ihn, und
er erzählt mir etwas über die Geschichte des Vogelschutzes in
der Region. Angefangen hat es vor genau dreißig Jahren, da hat
eine kleine Gruppe Ehrenamtlicher mit dem Bau von Vogelkästen
begonnen. Weiter ging es dann mit dem Anbringen von Fleder-
maus-, Schleiereulen- und Steinkauz-Röhren. Schnell zeigten sich
erste Erfolge, zwei Kästen wurden direkt von Schleiereulen belegt.

Herr Keil trägt einen Sonnenhut aus Stroh und hat eine freund-
liche, energiegeladene Stimme. Er ist ein Mann mit Ausdauer,
und die braucht er auch. Bevor er Kästen an Kirchtürmen oder
im Dachfirst eines Hofs anbringen darf, muss er lange Vorgesprä-
che führen, Überzeugungsarbeit leisten. Er muss Landwirte und
Pfarrer beruhigen, dass die zukünftigen Bewohner der Nester ihr
kostbares Getreide nicht vollkoten oder die Gemeinde bei der

Messe stören. »Ohne Einklang und ohne Zustimmung der Menschen gibt es keinen Erfolg bei der Bewahrung der Artenvielfalt«, meint er.

Das stimmt, denke ich, denn auch ich habe mich verändert in den vergangenen Monaten. Ich nehme die Natur, die mich umgibt, anders wahr. Sehe den Zustand von Blättern, Bäumen oder Gras viel detaillierter, erkenne Schädlingsbefall und Zeichen der Trockenheit deutlicher, bin weniger ignorant.

Ich sehe die Gewerbegebiete, die sich immer weiter und weiter in unsere Natur fressen, anderseits den großen Leerstand. Warum nutzen wir nicht erst den Leerstand von Wohn- und Gewerbegebäuden, bevor wir wieder Ressourcen verschwenden, Flächen versiegeln und neu bauen? Viele Insekten sind inzwischen einfach verschwunden. Wenn sie gehen, dann verlassen uns auch die Fledermäuse. In den Sommernächten meiner Kindheit, wenn ich bei meiner Familie mütterlicherseits zu Besuch war, beleuchteten noch Glühwürmchen in großen Schwärmen den nächtlichen Garten. Seit Jahren habe ich so etwas nicht mehr gesehen.

Gewerbesteuer ist wichtig für die Gemeinden, keine Frage, aber warum schaffen wir es nicht, parallel Gelände für Käfer, Vögel und Insekten freizuhalten und auch die Innenstädte wieder zu Insektenmagneten zu machen? Ich bin gerne im Grünen, aber inzwischen bedrückt es mich auch.

Für Herrn Keil ist jeder Tag, jeder Rundgang ein besonderes Erlebnis. Selten habe ich einen Menschen gesehen, der die Natur so feiert, das Leben so wertschätzt, wie Herr Keil. Er schiebt sein Fahrrad neben mir her und behauptet, dass er täglich mit einem Glücksgefühl von seinen Touren nach Hause kommt. Seine hellen Augen leuchten.

Diese Begeisterung steckt an, das merke ich schnell. Und er versucht, sie auch an die nächsten Generationen zu vermitteln. In einen der Brutkästen hat er eine winzige Kamera eingebaut, durch die Schulkinder das Schlüpfen der Turmfalken beobachten können. Er zeigt den Kindern das Wunder der Natur, lässt sie genau hinschauen und Fragen stellen: Warum dreht sich das Weibchen auf den Eiern? Warum muss der Turmfalke ab und zu selbst seine Flugmuskulatur trainieren und das Nest verlassen? Wann entleeren sich Turmfalken? Wer neugierig ist, kann viel erfahren von ihm.

»Leider«, sagt Herr Keil, »haben viele Kinder und Jugendliche heute Eltern, die ihnen kaum noch die Nähe zur Natur, ihren unschätzbaren Wert vermitteln. Wenn die Erziehungsberechtigten auf der Couch Serien streamen und bei den ersten Nieseltropfen nicht mehr nach draußen gehen, dann verlernen Kinder sich zu wundern, Fragen zur Naturkunde zu stellen, Natur unmittelbar zu erleben.« Deshalb ist es ihm auch so wichtig, den Kindern die Eigenarten der Schwalben näherzubringen, ihnen von den Gewohnheiten von Fledermäusen zu berichten. Er macht klar, dass Fledermäuse nichts mit Vampiren zu tun haben und man keine Angst haben muss, sie nur eine andere Welt haben. Sie jagen nachts, weil dann viele Insekten unterwegs sind. Das Fledermausbüfett ist eben in der Dunkelheit geöffnet.

Seit mehr als 50 Millionen Jahren gibt es Fledermäuse in Europa. Diese Spezies hat überlebt, weil sie unglaublich flexibel und umsichtig bei der Wahl ihrer vielen Standorte ist. Fledermäuse machen es wie die ganz reichen Leute, die nie gemeinsam in einen Flieger steigen, sondern sich auf mehrere verteilen, damit im Falle eines Absturzes immer ein Teil der Familie überlebt. Niemals fliegt die gesamte Fledermauspopulation in ein Winterquartier. Immer nur etappenweise. Warum? Aus fürsorglicher Vorsicht. Vielleicht wiegen wir Menschen uns zu sehr in Sicherheit, haben verlernt, uns auf Gefahren einzustellen. Dabei erleben wir doch zunehmend Tsunamis, Wirbelstürme, Trockenperioden oder sturzbachartige Regengüsse; unsere Sicherheit ist trügerisch.

Fledermäuse versuchen immer das Risiko auf ein Minimum zu reduzieren, ihre Population zu schützen.

Mir persönlich machen Fledermäuse ja eigentlich eher Angst, ich verbinde sie mit dem Ausbruch von Corona. Wenn Herr Keil sie beschreibt, finde ich sie aber gleich viel sympathischer. Auch Eulen kenne ich nur aus dem Zoo, habe in der freien Natur noch nie eine in ihrem natürlichen Habitat erlebt. Und Insekten finde ich meist ein bisschen lästig. Wie so vielen Stadtmenschen ist mir das alles ein bisschen fremd, in meinem Alltag habe ich dafür nicht viel Platz. Vielleicht sollte ich das ändern, denke ich, während Herr Keil beherzt in die Erde greift, diese durch seine Finger rieseln lässt.

Vielleicht pflanze ich auf meinem Balkon aber auch erst mal einen Bronzefenchel in einen großen Topf. Diese Pflanze zieht Hummeln, Wildbienen, Solitärwespen und Schwebfliegen magisch an. Bronzefenchel ist der Harry Styles unter den Insekten, viele wollen ihm nah sein. So ist er auch ein gern gewähltes Zuhause für den bunten Schwalbenschwanz, einen Schmetterling, dessen erstaunlich große Raupe sich gerne davon ernährt.

Auch wir Stadtmenschen können Insekten von Februar bis November pflanzliche Glücksorte anbieten. Hummeln legen zum Beispiel keine Vorräte an, die fressen alles sofort auf und freuen sich über ein reiches Nahrungsangebot im Spätsommer und Herbst. Kommt mir bekannt vor. Vielleicht pflanze ich ihnen Spätblüher in einen Topf, wie Kerzenknöterich oder Astern.

Wenn wir uns alle anstrengen, können wir es gemeinsam schaffen, dass ein paar der Insekten und Vögel zurückkehren und unsere Natur bereichern. Eines Tages. Irgendwann. Daran glaubt auch Herr Keil.

»Wir stellen uns als Menschen immer so stark in den Mittelpunkt auf diesem Planeten, wir sind aber nur ein Teil in der Vielstimmigkeit der Natur. Wir könnten viel mehr lernen, wenn wir mehr beobachteten. In Ruhe, mit einem anderen Tempo. Wenn wir andere Geschöpfe und ihr Verhalten akzeptieren und den Zyklus der Tiere annehmen«, meint Herr Keil nachdenklich.

Schon lange müssen die Tiere mit unseren rohen und schmerzhaften Eingriffen in die Natur zurechtkommen, ihre Lebensgewohnheiten anpassen. Wir Menschen produzieren einen hohen Grad an nächtlicher Lichtverschmutzung, bauen Autobahnen, geben Sammelplätze von Zugvögeln als Bauland frei. Wir machen uns die Natur zu eigen, rücksichtslos. Ist Anpassung und Umstellung aber von uns Menschen gefordert, sind wir schnell überfordert, zeigen wir mit dem Finger auf die anderen, damit zunächst einmal die beginnen.

Uns Menschen fällt es schwer, Veränderungen zu akzeptieren, doch die Welt ist im Wandel. Artensterben, das Austrocknen der Flüsse, die ansteigenden Temperaturen, Waldbrände: das geschieht doch bereits in unseren versiegelten Städten, auch innerhalb Europas. Erwartet der Mensch ernsthaft noch die Rückkehr zur Normalität, zum Gewohnten?

Normalität gibt es nicht mehr. Keine Art, auch der Mensch nicht, überlebt, wenn sie nicht bereit ist, sich anzupassen.

Naturschutz ist nicht gleich Naturschutz: Landwirte betreiben mit ihrer Tätigkeit einen Beitrag zur Landschaftspflege, da spricht man dann vom Agrar-Naturschutz. Beim praktischen Naturschutz engagieren sich Hauptamtliche und vor allem sehr viele Ehrenamtliche, indem sie neuen Lebensraum schaffen oder den vorhandenen ökologisch verbessern. Jeder Mensch, der einen Vogelkasten aufhängt und ihn betreut, macht schon eine praktische Naturschutzarbeit. Und dann gibt es natürlich noch den gesetzlichen Naturschutz, zum Beispiel die Behörden, die mit ihren gesetzlichen Vorgaben gegen Verstöße im Naturschutz vorgehen. Die Verantwortung für unsere Umwelt können wir aber nicht komplett in diese »professionellen« Hände legen.

Ob wir wollen oder nicht, wir alle müssen uns einstellen auf den Klimawandel, jeder an seiner Position, jeder in seiner persönlichen Umgebung. Die eigene Heizung, Solarpanels, welche Autos wir fahren, wie wir urbane Mobilität leben, wie, womit und wohin wir reisen. Wir werden uns umstellen müssen, um zu überleben.

So groß die Aufgabe scheint: die Fürsorge für unsere Habitate können wir nicht wegschieben, wir müssen sie annehmen. Für unsere Erde gibt es keinen kostenlosen Retour-Aufkleber, wie bei einer Online-Fehlbestellung. Wir zahlen, mit unserem Leben und dem unserer Nachkommen, wenn wir nicht handeln.

Auch wir als Familie haben uns umgestellt in den letzten Wochen und Monaten. Wir haben ein kleines Elektroauto angeschafft, buchen innerdeutsch keine Flüge mehr und vermeiden Langstrecken, verschwenden weniger Wasser, nutzen Pfandflaschen und Glas statt Einwegplastik, kochen und kaufen regionale Produkte. Versuchen uns immer wieder alle gegenseitig daran zu erinnern. Ich lege noch mehr Strecken mit dem Rad zurück, was nicht nur der Umwelt, sondern auch mir persönlich guttut.

Es ist ein Prozess, es dauert Gewohnheiten abzulegen, Bequemlichkeiten abzubauen. Die scheint der Schäfer nie aufgebaut zu haben. Er lebt, handelt und arbeitet seit jeher regional und nachhaltig. Und ich habe lange Jahre in TV-Studios Unmengen Energie verbraucht, hunderte von Gästen einfliegen lassen, gedankenlos Plastikprodukte konsumiert und in der Stadt mit dem SUV allabendlich einen Parkplatz im Wohnviertel gesucht. Das lässt sich nicht mehr rückgängig machen. Dass ich es damals nicht als Problem wahrgenommen habe, beschämt mich heute.

Wenn ich nun samstags auf der Weide stehe, spüre ich nicht nur die Empfindsamkeit der Herde, sondern auch die Bedeutung unseres ökologischen Gleichgewichts. Ich stehe auf dem Wunderplanet Erde, atme die Weite des Himmels ein. Die Weide, das morgendliche Licht hilft mir den inneren Frieden zu finden, meinen Frieden. Die Natur als heilsbringende Kraftquelle war mir nie fremd, aber hier spüre ich, dass daraus auch mehr hätte werden können: Auch ein Leben auf dem Land, in Gummistiefeln, auf dem Traktor sitzend, hätte mich erfüllt. Ohne Mikrofone, Textabgabetermine und Moderationen. Die Tage so schön, immer mit einem sichtbaren Ergebnis unseres Schaffens.

Nun fällt die Großstadtmüdigkeit zumindest einmal wöchentlich von mir ab, wie eine Samstagsraupe verpuppe ich mich und fahre danach geerdeter, gestärkter, erfrischt in meinen Alltag zurück. Zurück zu Siri, den Airpods und Bildschirmen.

Herr Keil schiebt sein Fahrrad quietschend weiter neben mir her. Auch er kann die Zeit nicht aufhalten, aber er versucht, einen Beitrag zu leisten. Hält Vorträge, organisiert Fledermaus- und Glühwürmchen-Nächte, bringt präparierte Tiere und Lehrmaterial mit. Aber von einer ganzen Schule kommen dann oft nur zwei oder drei Eltern mit. Es heißt ja »Nacht«, sie beginnt also erst um zweiundzwanzig Uhr. Viele Eltern wollen dann schon nicht mehr aus dem Haus, aber Fledermäuse fliegen nicht tagsüber, nur weil Eltern abends chillen wollen.

»Die Neugier der Kids ist ungebrochen, aber bei den Eltern klemmt es, die liegen lieber mit dem Laptop auf der Couch«, sagt Herr Keil. Enttäuschung schwingt in seiner Stimme mit, weil die naturnahen Angebote nicht so umfangreich genutzt werden, wie er es sich wünscht. Wenn die Eltern kaum Interesse an der Natur zeigen, überträgt sich das ja auch auf die Kinder.

»Wer aber einmal eine Nacht erlebt hat, bei der der Waldboden mithilfe der Glühwürmchen beginnt, wie eine Welle zu wogen, der vergisst das atemberaubende Naturschauspiel nicht mehr«, fügt Herr Keil lächelnd an. Vielleicht, denke ich, sollte ich meine kleine Patentochter und mich auch einmal zu einer seiner nächtlichen Führungen anmelden.

Der Rundgang mit Herrn Keil ist fast wie autogenes Training, nicht nur weil er so in sich ruht, durch den Klang seiner Stimme werde ich ganz ruhig. Meine Neigung zur Hektik fährt runter, je tiefer wir in den Wald kommen. Der Autolärm verstummt. Das Industriegebiet haben wir hinter uns gelassen, es wird frischer im Dickicht der dunkelgrünen Waldwege. Fast scheint es, als ob der Wald uns verschluckt. Ich schlüpfe in meine leichte Strickjacke und versuche mit Herrn Keil Schritt zu halten.

Viele Menschen haben heute kaum noch einen Zugang zu dem, was wir Natur nennen. Wir sind, so scheint mir, weniger neugierig auf die wunderbaren Abläufe unserer Umwelt. Dreck, Schmutz, Staub, Gerüche, keiner mag das mehr in unserer aseptischen Welt. Warum ist unsere Angst vor der Natur nur so gewaltig?

In den Sommermonaten, berichtet mir Herr Keil, erhält er öfter besorgte Anrufe von Hausbesitzern, weil sie große Schwärme von Fledermäusen an ihrem Gebäude entdecken und Angst haben, dass die Dämmung oder Fassade ihres Hauses Schaden nimmt. Er dämpft dann erst einmal die Aufregung. Wir desinfizieren, betonieren und kärchern heute alles, keiner will gerne tierische Mitbewohner wie Milben oder Flöhe in seiner persönlichen Umgebung haben. Verständlich, aber vielleicht auch ein wenig übertrieben?

Wir sind alle so hektisch geworden, findet der Vogelschützer, hier in der Natur hat er Ruhe. Hier kann er runterfahren. Nur beobachten, nicht handeln, zuschauen, geschehen lassen, den Blick auf die Vielfalt der Natur. Erfüllung spürt er dabei. Ich verstehe ihn.

Feld und Flur bieten uns wirklich viel. Warum reisen wir lieber in die Ferne, um uns an einen überfüllten Strand zu legen und am Abend auf einer touristisch überlaufenen Promenade an einem überteuerten Aperol Spritz zu nippen?

Wir schätzen die Natur direkt vor der Haustür viel zu wenig. Auf leisen Sohlen verabschiedet sie sich und kehrt nicht mehr zurück. Was weg ist, ist weg. Und wir, wir schauen nicht genau hin, bemerken den Verlust oft nicht einmal. Ist es uns egal, wie sich auch unser Lebensraum verändert? Wir wundern uns, wo die Arten alle hin sind, warum sie sich weder vermehren, noch blicken lassen. Dabei sind wir Menschen alles andere als unschuldig daran.

Weil wir zum Beispiel kaum noch Brachland zulassen, damit ein Vogel wie der Wiedehopf dort einen optimalen Lebensraum vorfände. Wir verbauen viel zu vieles, wir minimieren die Artenvielfalt durch das Versiegeln der Böden. Wo früher der Turmfalke nach Nahrung suchte, stehen heute Lagerhallen, bebaute Flächen. Vor Jahrzehnten konnte man noch auf jeder Wiese Braunkehlchen entdecken, heute gibt es sie im gesamten Kreis Offenbach so gut wie gar nicht mehr. Das Braunkehlchen wurde übrigens 2023 zum Vogel des Jahres gekürt. Wir vergrämen ganze Vogelkolonien, viele Vogelarten, wie die Haubenmeise oder die Feldlerche, sind bei uns längst nicht mehr heimisch. Wir feiern traurige Abschiede, ohne diesen Verlust von Vielfalt lautstark zu betrauern.

Auch unser Wald wird schon seit Jahrhunderten als Wirtschaftswald angelegt, der Baumbestand orientierte sich vor allem am Holzbedarf. Heute brauchen wir Bäume, die zu den veränderten klimatischen Bedingungen passen – auch im Wald macht sich der Verlust von Artenvielfalt bemerkbar.

Herr Keil hat immer seine Kamera dabei, er filmt viel und alles, was gut funktioniert in seiner Region. Seine Erfahrung gibt er an die Behörden weiter.

Er deutet für mich auf einen Fledermauskasten, der in einer Waldschneise hängt. Eine Waldwand links und eine Baumreihe rechts, so orientieren die Tiere sich bei ihren nächtlichen Flügen. Einige Fledermäuse sind Berufspendler, erklärt er mir, wie wir Menschen auch. Ihr Wohnort ist dort, wo sie sich wohlfühlen, wo sie zu Hause sind und übernachten. Der Fledermaus-Arbeitsplatz, ihr nächtliches Jagdgebiet, ist meistens ganz woanders. Manchmal sind sie in der Nacht kilometerweit dahin unterwegs.

Sein Ehrenamt leistet Herr Keil in kompromissloser Hingabe. Woher kommt dieser bedingungslose Einsatz? Die Antwort scheint mir ein großes Gefühl der Verantwortung zu sein, für die Natur, die Pflanzen und Tiere. Das ist genauso wie beim Schäfer. Wer wird diese Tätigkeit übernehmen, wenn Herr Keil sie nicht mehr gewissenhaft erledigen kann? »Niemand wird merken, wenn ich nicht mehr da bin. Ich meine das im Ernst. Einige Menschen machen eben, engagieren sich, und andere nicht.« Er sagt es ruhig, ohne Bitterkeit.

Es ist ursprüngliches Wissen, das er bewahrt und weitergibt. Auch dem Schäfer ist das wichtig, deshalb bietet auch er naturpädagogische Aktionen für jedes Alter an. Oft frage ich mich, ob dieser kurze Impuls für die Schulkinder reicht, wenn sie erleben dürfen, wie ein Hütehund im Einsatz ist. Der Einfluss der digitalen Welt ist so mächtig auf diese jüngeren Generationen. Andererseits lernen Kinder schnell.

Herr Keil organisiert Waldtage für Schulkinder. »Es ist besser mir hier im Wald alle Fragen zu stellen, als immer nur im Klassenzimmer zu sitzen«, meint er. Er kommt richtig in Fahrt, wenn er von den Besuchen der Schüler im Wald spricht. Kinder sind in seinen Augen wie Schwämme, die Wissen aufsaugen und Natur unbedingt erleben, sich auch selbst in dieser erleben wollen.

Natürlich kennt auch der Schäfer den Wald, die Wiesen und Auen sowie den elterlichen Betrieb schon seit Kindesbeinen an. Sein Vater und sein Großvater haben ihm all seine Fragen beantwortet, ihm ihre Erfahrungen weitergegeben.

Herr Keil und ich laufen weiter auf unserer Runde und reden über dies und das, über mutwillige Zerstörung von Nistkästen oder Ansitzen, aber auch über das katastrophale Anfüttern von Stadttauben. Auch wenn Tauben hier in diesem Gebiet keine Rolle spielen, verfolgt Herr Keil ihre Entwicklung in den Städten. Die Menschen meinen, den Tauben dadurch etwas Gutes zu tun, aber eigentlich wären die auf das Futter nicht angewiesen und vermehren sich dadurch rasant. Je mehr wir füttern, je mehr »gedeckte Tische« wir ihnen bieten, umso schneller spricht es sich herum bei den Tauben. Und am Ende hat man dann eine wahre Plage, die Anwohner beschweren sich und nicht selten endet es damit, dass die Tiere vergiftet werden.

Unser Weg führt uns durch die Willersinn'sche Grubenlandschaft. Hier wachsen fast nur Kiefernbäume. Am 5. Mai 1956 nahm in der Nähe des landwirtschaftlich geprägten Dorfs Dietzenbach das Kiesabbauwerk der Gebrüder Willersinn seinen Betrieb auf. Das Aus für das Werk kam im Jahr 1980, das Unternehmen erhielt keine weitere Abbaugenehmigung mehr.

Wir laufen jetzt schon eine ganze Weile und ich habe das Gefühl, ich muss mich eigentlich mal hinsetzen. Etwa 15 Hektar groß ist das Naturschutzgebiet. Wir passieren eine ehemalige Sandgrube, die immer wieder neu verfüllt worden ist. Dabei wurde sie mit Sand aus unterschiedlichen Regionen aufgefüllt, weshalb nun, Jahre später, Pflanzen wachsen, die es hier eigentlich nicht geben dürfte. Durch den Sandtransport sind neue Samen mitgekommen und haben sich hier ausgebreitet. Die Willersinn'sche Grube soll jedoch nicht zuwachsen, deshalb weidet die Herde derzeit hier und Herr Keil und ich wollen auf unserem Rundgang bei ihr vorbeischauen.

In den letzten Jahren wurden immer wieder zahlreiche Bäume gefällt, damit die Grube lichtdurchflutet und offen bleibt. Mehr als zwanzig Jahre ließ man sie zunächst zuwuchern, aber bestimmte Vogelarten brauchen Freiflächen zum Brüten, wenn sie nach dem Überwintern aus Afrika zu uns zurückkommen, wie etwa der Ziegenmelker. Der mag eine insektenreiche Dämmerung und die findet er hier. Dazu haben auch die Ziegen des Schäfers beigetragen:

sie haben den Zuwuchs zurückgebissen. Sie und die Schafe sind die Rasenmäher der Natur. Die Herde liebt die jungen, frischen Blätter der zurückgestutzten Bäume.

Wir öffnen das Gatter, nachdem wir den Stromkreis ausgeschaltet haben. Der Boden ist staubig trocken. Die Herde wirkt ein wenig unruhig, doch sie sieht in dem sonnigen Gegenlicht, gemischt mit den aufwirbelnden Staubwolken, einfach herrlich aus.

Einige Schafe stehen an unserer Seite, während wir über dieses Gebiet sprechen. Sie stupsen uns an mit ihren Flanken oder Hörnern, wollen Aufmerksamkeit, wollen gesehen und begrüßt werden. Besonders Molly, das alte Mutterschaf, scheint sich an meinem Bein wohlzufühlen und fast einzunicken, wenn ich meinen Arm baumeln lasse und sie am Kopf streichle. Dabei spüre ich, wie ihre Flanke sich langsam hebt und senkt. Es fühlt sich ruhig und vertrauensvoll an, wie wir so dastehen. Mensch und Tier. Fast muss ich sie ein wenig vorwarnen, damit sie nicht umfällt, als ich weitergehen will. Dann trottet sie mir, wie zu Hause unser Hund Snoopy, langsam hinterher. Sobald ich stehen bleibe, lehnt sie sich erneut an. Molly braucht viel Zuwendung, und die bekommt sie auch.

Bevor wir die Grube verlassen, werden wir den Schafen noch ein wenig Brot zufüttern, weil es hier so trocken war nach dem Hitzesommer, dass die Vegetation fast schon zu spärlich für sie ist. Das Zufüttern mit Brot ist jedoch begrenzt. Von Mai bis Oktober, wenn die Herde die Flächen abfressen soll, darf der Schäfer nicht zufüttern, denn die Schafe müssen dann wirklich das fressen, was auf der Weide vorhanden ist. Das ist die Jobbeschreibung. Brot ist aber auch ein Lockmittel, falls die Tiere heute gar nicht auf die Rufe von Herrn Keil oder mir hören sollten, wenn wir kontrollieren, ob alle Herdenmitglieder gesund sind.

Das kleine rot-weiße Schaf mit dem sommersprossigen Gesicht folgt uns auf Schritt und Tritt. Es hat schon gestern Herrn Keil beim Absägen eines Astes zugeschaut, erzählt er mir. Die Blätter hat das Schaf dann ganz alleine verzehrt, still und auch ein bisschen heimlich, ohne die anderen Mitglieder der Herde zu rufen. Jetzt hofft es wohl auf eine Wiederholung.

Vielleicht können auch Schafe egoistisch sein, suchen sich ihr kleines Ich-Fenster, »das ist nur für mich«. Ich kenne das, auch ich verstecke schon mal meine Lakritzschnecken und Schokoladentafeln vor der Familie. Dieses Schaf hier kann also ein Geheimnis wahren und einen Leckerbissen ganz für sich behalten, ganz schön cool eigentlich für ein Herdentier. Aber auch schwer zu verstehen, warum es das tut, denn andererseits ist es ja auf die Gruppe angewiesen. Vielleicht müssen Schafe auch einfach nicht alles mit der Gruppe teilen?

Dann ist da aber auch das Schaf mit dem roten Farbstreifen auf dem Rücken, dass immer wieder eine Öffnung im Zaun findet und versucht auszubüchsen. An einer Ecke der Grube scheint der Zaun weniger Strom zu führen, und da versucht dieses hellwache Tier sich beinahe täglich durchzudrängen. Ein Freiheit liebendes Schaf. Das Wissen über die niedrige Stromzufuhr im Zaun hat es aber mit der Herde geteilt, andere Schafe haben es übernommen.

Man muss wirklich Zeit haben, um die Tiere zu beobachten, um diese liebenswerten Nuancen im Verhalten zu erkennen. Molly, die Liebesbedürftige; Eddy, der schwarz-weiße Drängler, der sich ungeduldig am Pferchgatter reibt und es kaum erwarten kann, bis wir das Törchen öffnen; Suse, die Kleine mit dem starken Durchsetzungsvermögen, die immer die Erste ist, die sich auf einer neuen Weide auf die frischen Zweige stürzt. Sie setzt sich mit ihren Zackelhörnern energisch durch und schubst sich damit schon mal den Weg zum besten Baum frei. Dann steht sie kauend da, das Grün hängt aus ihren Mundwinkeln und nach und nach zermalmt sie genüsslich das frische Blattwerk.

Die Schafe sind mir ans Herz gewachsen und werden mir mit Sicherheit fehlen, wenn dieses besondere Jahr sich dem Ende neigt. Schon jetzt sitze ich zeitweilig in der Redaktion und schweife gedanklich zur Herde ab, denke an das schwarze Zackelschaf Ole und seine lustigen Bocksprünge. Als würde permanent eine Wolke aggressiver Bienen ihn verfolgen, so hüpft er flummihaft über die Weide. Dabei dreht er seinen Kopf schief und schaut selbst erstaunt, was mich immer wieder zum Schmunzeln bringt, selbst noch in meinen Frankfurter Konferenzen.

Wir schreiten den Zaun ab, Meter um Meter. Herr Keil deutet immer wieder nach links und nach rechts. Er schaut, ob die Brutkästen gut und fest an den Bäumen hängen, für Reparaturarbeiten hat er einen Hammer und anderes Werkzeug dabei. Manchmal schlagen irgendwelche Leute die Brutkästen von den Bäumen, sogar in der Brutzeit. »Das ist roher Vandalismus«, schnaubt Herr Keil verärgert. »Wenn ich das traurige Ergebnis dann sehe, die kaputten Eier oder die toten Jungvögel, dann frage ich mich wirklich, wo ist das Gehirn, wo ist die Empathie einiger Mitmenschen.« Er wird nicht aufhören, die Kästen regelmäßig zu kontrollieren. Unermüdlich Überzeugungsarbeit zu leisten, nach Lösungen zu suchen, sodass Mensch und Tier weiter zusammen leben können.

Herr Keil ist ein geduldiger Guide, und er kennt wirklich alle Winkel des Naturschutzgebietes. Er zeigt mir die Vogelkästen der Wendehälse. Die heißen so, weil sie ihren Kopf verdrehen können wie kaum einer sonst und dabei super Hans-guck-in-die-Luft-mäßig hochschauen. Das Eingangsloch zu ihren Brutkästen ist etwas größer, diese Kästen hat der hessische Forst finanziert. Überall hängen die verschiedensten Brutkästen in den Bäumen, wieso sehe ich die erst, wenn Herr Keil mich darauf aufmerksam macht? Sie wären mir sonst bestimmt entgangen.

Wir prüfen Meter um Meter, ob der Zaun noch komplett steht,

denn er durchtrennt für einen begrenzten Zeitraum den Lebensraum von Wildschweinen und Rehen, denen das oft nicht gefällt.
Auf dem Rundgang entdecken wir einen Tümpel, wo die Kröten
den Sommer über gelaicht haben. Gemeinsam beobachten wir an
diesem herrlich warmen Herbsttag die Populationen der Libellen
und Schmetterlinge.

Wir umrunden das gesamte Gelände und ich will gerade schon
wie eine quengelige Vierjährige fragen: »Wann sind wir endlich
da?«, als ich außerhalb des Zauns einen Rehbock sehe. Abrupt
bleibe ich stehen. Er liegt da, als würde er nur kurz ausruhen. Ich
starre auf seinen reglosen Körper und brauche einige Sekunden,
um zu realisieren, dass ich zum ersten Mal in diesem Schafejahr
mit dem Tod konfrontiert werde. Noch habe ich keine Totgeburt
bei den Lämmern erlebt, noch ist uns kein Tier auf der Weide
verendet. Wie naiv war ich, den Tod zu ignorieren, ich wollte ihn
nicht sehen. Hier aber ist kein Atem mehr, der das Reh durchströmt. Fast wäre ich daran vorbeigelaufen, denn Herr Keil hat ihn
bereits gestern entdeckt und das verendete Tier diskret mit Zweigen abgedeckt, bevor er den Pächter über das Aas informiert hat.
Das intensive, fast leuchtende Braun des glänzenden Fells sticht
durch das grüne Blattwerk. Plötzlich ist er da, der Tod, ganz ohne
Ankündigung. Fast greifbar nah liegt es im Gebüsch. Ein Kolk-
rabe schreit schon heraus, dass hier Aas liegt. Es beginnt wohl
bereits zu riechen.

Der Tod gehört zum Leben, das weiß ich nur zu gut, auch ich
habe schon geliebte Menschen beerdigt. Es bringt nichts, ihn zu
verleugnen. Und trotzdem fühle ich mich bei diesem Anblick selt-
sam erschrocken, beinahe scheint mir das Bild des toten Bocks
ein Ausblick auf Bevorstehendes zu sein: Ich habe in diesem Jahr
Schafe in den verschiedensten Lebensstadien begleitet. Und ich
hatte mir ausdrücklich vorgenommen, nichts zu romantisieren,
nicht den einfachsten Weg zu gehen, bei allem dabei zu sein. Eine

große Aufgabe steht mir aber noch bevor: die Schlachtung. Ich war bei der Geburt der Lämmer dabei, dann sollte ich auch beim Tod eines der Tiere dabei sein, habe ich auch dem Schäfer gesagt. Aber in diesem Moment bin ich gerade sehr froh, dass noch ein bisschen Zeit vergeht bis zu diesem Tag, dieser Probe.

Wir füttern zum Abschluss die Schafe, die Sonne verabschiedet sich langsam hinter unserem Rücken. Als das Dickicht des Waldes lichter wird und wir zum Industriegebiet heraustreten, geben wir uns die Hand. Herr Keil steigt auf sein Rad und fährt in den Feierabend. Ein Geheimnis hat er mir noch verraten: Ab und zu, wenn er besonders glücklich ist im Wald und seine Frau ihn anruft, wo er denn bleibe, das Essen sei bereits fertig, antwortet er ihr: »Schatz, ich habe mich verfahren«, damit er sein Glück noch ein wenig auskosten kann.

Ich kann es mir sofort vorstellen. Wie erfüllend die Natur für ihn ist, begeistert mich. Den ganzen Tag über hat er im Wald eine Stärke und Ruhe ausgestrahlt, als würde er nirgends anders hingehören. Seine innere Ruhe hat sich erstaunlicherweise auch auf mich übertragen. Es gab heute phasenweise keine Trennwand mehr zwischen den Bäumen, Farnen, Waldbewohnern und mir. Ich habe tief in mir gespürt wie wir alle, Menschen, Pflanzen und Tiere, alles auf dieser Erde teilen. Das Wasser, das Licht, den Boden. Die winzigen Rädchen der Abläufe in Wald und Flur, den Flüssen und Meeren greifen auf fast magische Weise ineinander, ergänzen und begünstigen sich im Wachsen und Gedeihen. Naturglück à la Herrn Keil scheint ansteckend zu sein.

Beseelt fahre ich nach Hause. Und freue mich auf den Ausblick, dass es dieses Mal nicht eine volle Woche dauern wird, bis ich wieder nach draußen komme: Ich habe mich für ein schafbasiertes Führungskräfteseminar angemeldet und bin bereits gespannt, was mich da in wenigen Tagen erwartet. Sogar ein Hirtendiplom werde ich machen, ja, ein richtiges Hirtendiplom mit einer riesigen Herde. Ein bisschen nervös bin ich schon – werde ich das bestehen? Reichen meine Kenntnisse tatsächlich schon für eine Prüfung aus? Aber natürlich kommt es darauf gar nicht in erster Linie an. Ich freue mich darauf, auf weitere Schäfer und Schafeliebhaber zu treffen.

Führen wie ein Hirte
WAS SCHAFE UNS ÜBER TEAMWORK LEHREN KÖNNEN

Schon im Mai hatte ich mit Erwin Germscheid telefoniert, der Teambuildings leitet und Coach und Supervisor für Unternehmen und Führungskräfte ist. Er bringt Menschen zusammen und hilft ihnen, ihre Talente, Interessen und Stärken zu entwickeln. Er schaut genau hin, wie das Potenzial der einzelnen Mitarbeitenden, der Abteilung und des gesamten Unternehmens wachsen kann. Es gibt einige Coaches in unserem Land, aber auf Erwin Germscheid bin ich gestoßen, weil er einen besonderen Ansatz hat: Er arbeitet mit Schafen. Genau mein Ding.

Gerade nach der Pandemie, hat Erwin mir erklärt, sei es wichtig, sich mal vom Screen zu entfernen, wieder ins konkrete Leben einzutauchen. In Kontakt zu kommen, mit den Kollegen, aber auch mit unseren Mitgeschöpfen, den Tieren. Für seine Seminare hat Erwin Schafe ausgewählt, weil sie weder gefährlich noch aggressiv sind. Sie lassen die Nähe zu Fremden und auch leichte Fehler verzeihend zu, das ist wichtig für ein Coaching. Erwin hat schon früher mit einem Schäfer aus dem Hunsrück und schwierigen Jugendlichen, die aus Jugendhilfeeinrichtungen rausgeflogen sind, sogenannten Systemsprengern, zusammengearbeitet. Mit

und durch die Tiere haben sie Fürsorge, Verantwortung, Pflichtbewusstsein, Zuverlässigkeit und Zuneigung gelernt.

Heute arbeitet er für seine Teamseminare mit einem Schäfer aus
dem Westerwald zusammen, der eine unglaublich große Herde
von achthundert Schafen besitzt. Um ein Vielfaches größer als die
achtzigköpfige Herde, die ich nun schon einige Monate begleite.
»Mein« Schäfer schaut genau, dass seine Herde nie über einhundert Tiere anwächst, mehr könnte er als Einzelkämpfer gar nicht
bewältigen. Seine klein parzellierten Weideflächen vertragen keine
so große Anzahl an Tieren, er müsste sie täglich umkoppeln.

Nachdem ich mich über das Seminar und Erwins Vorgehens-
weise erkundigt habe, habe ich mich zu einem von seinen »Sheep-
ness«-Seminaren angemeldet. *Sheep-ness*, beim Aussprechen macht
Erwin immer eine kleine Pause im Atemzug, sodass du bewusst
von einer Silbe zur nächsten gelangst. Man merkt, dass der Name
an das englische Wort *Mindfulness* angelehnt ist, den ganzen Tag
über werden mich Impulse zum Thema Achtsamkeit beim Seminar begleiten.

Bei erfolgreichem Bestehen des Seminars winkt auch ein Di-
plom, das Sheepness-Hirtendiplom. Und das hätte ich sehr gerne
an meiner Wand hängen.

Jetzt im Herbst ist es also so weit, Prüfungstag in Sachen schafi-
ger Führungskompetenz. Nachdem Erwin mich einem Team zu-
geteilt hat, einer Gruppe Führungskräfte aus der Tierfutterindus-
trie, geht es los: Ich trete zum Hirtendiplom an in Gummistiefeln
und winddichter Jacke. Ein bisschen Ahnung habe ich inzwischen
ja schon und bin optimistisch. Ich will nicht überheblich klingen,
aber eine blutige Anfängerin bin ich nicht mehr. Dennoch: sicher
kann ich mir nicht sein, es wird bestimmt Momente geben, die
schwierig werden.

Wir befinden uns im Westerwald, 600 Meter über dem Meeresspiegel. Es ist herrliches Herbstwetter, einer dieser Tage, an denen sich die Sonne selbstbewusst durch die schmutzigen Autoscheiben drängelt, der Himmel voller praller schaumweißer Wolkenfelder ist und die Natur sich mit den sanften grünen Hügeln und abgeernteten Feldern von ihrer schönen Seite zeigt. Treffpunkt ist ein Parkplatz in der Nähe einer Autobahnausfahrt. Es ist früher Morgen, ich sitze im Auto und starre auf ein Fast-Food-Restaurant, eine Tankstelle, einen Supermarkt. Ich drehe das Radio laut und trinke meinen Kaffee, während ich auf Erwin warte. Das Ganze kommt mir vor wie bei einem Blind Date.

Erwin parkt seinen Wagen direkt neben meinem. Er ist Ende vierzig, trägt das Haar kurz rasiert, Outdoorkleidung, ein Schneidezahn steht etwas schief und er lächelt. Ich will nicht übereifrig wirken, obwohl ich hier schon seit fünfundvierzig Minuten aufgeregt stehe. Betont lässig versuche ich mich aus dem Auto zu schwingen, greife meinen Rucksack und schließe ab.

Ich wechsle in seinen Wagen, wir treffen die anderen Teilnehmer*innen an einem Gasthof, vor uns liegen dreißig Minuten Fahrt. Es gibt Menschen, mit denen komme ich direkt und mühelos in eine Unterhaltung, Erwin ist einer dieser Menschen. Wir kennen uns nicht und doch wirkt er auf mich in sonderbarer Weise vertraut, wir plaudern ein bisschen über dies und das und ich entspanne mich. Erwin erzählt mir, dass er im dörflichen Raum aufgewachsen ist und schon als kleiner Junge die Nachmittage gerne mit einem Schäfer verbracht hat, der oft am Dorfrand mit der Herde vorbeizog. Ich erzähle einiges von dem, was ich in den letzten Monaten erlebt habe.

Schnell fühle ich mich in Erwins Anwesenheit wohl, und nach der kurzen Anreise freue ich mich auf den gemeinsamen Tag. Sauerstoff tanken, Mittagessen im Freien, eine neue Herde und einen neuen Schäfer kennenlernen, der den Tag über sein Wissen und seine Erfahrungen mit uns teilen wird.

Allerdings melden sich auch leise Zweifel: Ich werde Teil einer mir unbekannten Gruppe, kenne weder die Schwingungen und Reibungen noch die sensiblen Zwischentöne des Teams. Wie das wohl laufen wird?

Dieser Tag wird für uns alle eine Überraschung. Das Team weiß nichts von den Schafen, anders als ich. Die Gruppe soll sich der Herde und den Aufgaben, die auf sie zukommen werden, unvorbereitet stellen, denn nicht zu wissen, was passiert, ist schon Teil des Coachings. Es geht darum, sich nicht zu verweigern und in die innere Kündigung zu gehen, auch wenn man lieber mit Turmfalken statt Schafen gearbeitet hätte. Sich den Herausforderungen zu stellen und sich auf die Kolleg*innen – unabhängig von ihrer Funktion im Team – einzustellen, sich abzusprechen und Teamfähigkeit zu beweisen. Wie soll das funktionieren mit denen im Team, die man weniger mag, denen man keine Kompetenz zutraut, die sich eher drücken oder keine klaren Anweisungen geben? Kennen wir doch alle.

»Welche unserer Kompetenzen können Schafe deiner Meinung nach denn stärken?«, frage ich Erwin. Ich will wissen, was genau mich erwartet.

»Für eine Etappe übernimmt ein Mitglied aus der Gruppe die Führung. Diese Person muss Kontakt zur Herde aufnehmen und sich als Führungskraft fragen, wie sie es schafft, die Dynamik der Herde dahin zu lenken, wo sie sie haben will. Ob du Führungsstärke in dir trägst, spiegeln dir Schafe direkt und ungefiltert«, sagt Erwin.

»Wie muss man denn agieren, was stärkt die Präsenz vor der Herde?«, will ich wissen. Vielleicht kann ich ja noch einige Tipps für meinen nächsten samstäglichen Einsatz mitnehmen.

»Das funktioniert alles bestimmt nicht sofort, aber jede und jeder Einzelne muss überlegen, welche Möglichkeiten es gibt, die eigene Kommunikation zu verändern, welche Varianten man noch ausprobieren kann. Traue ich mich, meine vermeintlichen Schwächen zu zeigen? Fehler sind schließlich erlaubt. Machen wir doch alle. Scheitern ist kein Weltuntergang. Es gilt daraus zu lernen und es neu zu versuchen, dabei die Gruppe mitzunehmen, nicht aufzugeben. Es geht ja eigentlich immer um klare Kommunikation, egal ob in unseren Familien, in Vereinen, in Parteien oder in Unternehmen. Das ist auch mit der Herde nicht anders.«

Meine Chance also, heute mein inneres Leitschaf so richtig galoppieren zu lassen. Selbstbewusst genug bin ich. Es macht mir nichts aus, wenn mich achthundert Schafsaugen anschauen. Schafis, ich bin ready, wenn ihr auf eine Ansage wartet. Ich bin es gewohnt, live vor vielen Menschen, in Radiomikrofone und Kameras mit Rotlicht zu moderieren, dann werde ich nicht an klaren Kommandos für meine Woll-Freunde scheitern, oder? Ich habe Teenager zu Hause, auch da sind eindeutige Absprachen hilfreich, obwohl – aufgeräumt sind ihre Zimmer trotzdem nicht immer. Ich war Produzentin von TV-Formaten, mit sechzig festangestellten Mitarbeitenden. Ohne gemeinsames Kommunikationstalent hätten wir zusammen keine Daily Shows und Samstagabendformate stemmen können. In meinem Job, aber auch im Privaten übernehme ich regelmäßig Verantwortung. Ist man eine Führungsperson, oder nicht? Was kann mir schon passieren?

Wir verlassen die Autobahn, parken den Wagen beim Rasthof. Erwin legt noch mal seinen Finger auf die Lippen und sagt zu mir, während er die Autotür zuschlägt: »Kein Wort über die Schafe, wenn wir das Team jetzt begrüßen.«

Wir öffnen die rustikale Tür des Gasthofes und werden von Hallo-Rufen und einigen müden Gesichtern begrüßt. Zusammen trinken wir noch einen Kaffee, bevor wir aufbrechen.

Teambuilding-Tage bedeuten, sich vor den Kolleg*innen zu öffnen, Masken fallen zu lassen, ehrlich zu seinen Schwächen zu stehen, neue Stärken zu entfalten. Da ist es bestimmt nicht einfach, wenn ein Neuling und vielleicht auch Eindringling wie ich auf ein eingespieltes Team trifft. Wir steigen locker ins Gespräch ein, lachen und stellen uns Fragen, um das Eis zu brechen. »Ich höre dich immer im Radio, Bärbel, warum bist du denn heute hier?« Ich stelle die Kaffeetasse ab und antworte: »Ich schreibe gerade ein Buch über Schafe.« Sofort schlage ich meine Hand vor den Mund, schaue zu Erwin und schäme mich zutiefst. Knallrot ist eine meiner Lieblingsfarben bei Lippenstiften, aber nicht, wenn mir die Schamesröte ins Gesicht steigt. Wir kennen uns seit fünfundvierzig Minuten und ich lande im ersten Fettnäpfchen, das sich mir bietet. Wie unkonzentriert kann man sein? Peinlich!

Alle Augen richten sich auf Erwin. Eine Frau aus dem Team fragt: »Schafe? Im Ernst? Wir sehen und arbeiten heute mit Schafen? *Shaun das Schaf*, ich schreie mich weg. Wirklich?« Erwin nickt: »Deshalb solltet ihr euch festes Schuhwerk und warme, wetterfeste Klamotten anziehen. Ja, wir sind tatsächlich den ganzen Tag auf der Weide bei einer Herde.« Die Kollegin mit den weißen Glitzer-Turnschuhen schaut skeptisch auf ihre nagelneuen Sneaker. Ich traue mich nicht, Erwin in die Augen zu gucken. Er erläutert en détail, den Tagesablauf. Wir zahlen den Kaffee, brechen auf und fahren mit unseren Wagen in Kolonne zum Treffpunkt mit dem Schäfer. Im Auto entschuldige ich mich mehrfach bei Erwin, der es locker nimmt.

Als wir ankommen fehlt plötzlich ein Wagen, eine Teilnehmerin hat die kleine Ausfahrt zum Feldweg verpasst und muss erst wieder eingesammelt werden. Koordinaten werden besprochen und die Autos umgeparkt, sodass landwirtschaftliche Fahrzeuge noch durchkommen.

Wir laufen eine Anhöhe hinauf. Hinter der Kuppe steht plötzlich die Herde. Was für ein atemberaubender Anblick! Ich bin sprachlos angesichts dieser Schönheit. Rücken an Rücken stehen hunderte von Tieren in diesem diffusen, zarten, frühmorgendlichen Licht. Bodennebel schwebt über der Weide. Ich könnte heulen. Zum Glück hatte ich den Mut, mich auf dieses wunderbare, überraschende Jahr mit den Schafen einzulassen. Diese Erfahrung hat mich durchlässiger, weicher und zartfühliger werden lassen. Es gibt noch so viel zu entdecken auf dieser Welt, sie ist so viel größer als mein eigenes, kleines Leben. Als hätte sich ein Ventil geöffnet, fließt mein Herz über und meine Gefühle – inklusive Tränen – brechen sich Bahn. Dieses Erlebnis heute wird sich, wie so viele in meinem bisherigen »Schafsjahr«, tief in mir einbrennen.

Als wir uns dem Zaun nähern, heben die Tiere still und ein wenig majestätisch ihre Köpfe. Unsere Gespräche verstummen, wir lassen den Blick schweifen. Eine stumme Begrüßung zwischen Mensch und Tier. Mit dem Ärmel tupfe ich den ansteigenden Tränenspiegel ab. Ich bin da. Ich bin glücklich und das spüre ich in jeder Faser meines Körpers.

Wie die Natur uns immer wieder überrascht, uns vertraut ist, einfach da ist und uns in ihren Bann schlagen kann, rührt mich. Ich knüpfe erneut ein neues inniges Band mit ihr. Tag um Tag webe ich es fester. Dieses Band gibt mir sehr viel Kraft und Sicherheit. Ich fühle mich weniger fremd in der Natur, seitdem ich mich auf dieses Experiment eingelassen habe.

Als ich mich bei Erwin für dieses Seminar angemeldet habe, wollte ich vor allem etwas über seine Arbeit mit den Führungskräften erfahren, mich interessierte, wie er die Schafe dafür einsetzt. Aber natürlich hat das Ganze noch einen Vorteil: Ich lerne einen weiteren Schäfer kennen, und zwar einen, der ganz anders und mit einer viel größeren Herde arbeitet, als ich es bisher kenne. Unglaublich, die Zahl der Schafsköpfe ist so groß, dass ich das Ende der Herde nicht mehr sehen kann. Rücken an Rücken stehen sie da. Die Vorstellung, dass ein Mensch auf alle diese Tiere gleichzeitig ein Auge haben muss, beeindruckt mich. Keines darf verloren gehen. Es sind Lämmer, Böcke und Muttertiere dabei, diese Herde wird eine Herausforderung. Kurz vermisse ich meine vertrauten Tiere im Rodgau, wo ich fast alle beim Namen kenne.

Schäfer sind Schäfer, weil sie gut mit Tieren umgehen können, gerne in Ruhe arbeiten und nicht ganztägig von Menschen umgeben sein wollen. Jedenfalls nicht in großen Gruppen. Die Kommunikationsfähigkeit, die Lust an Begegnungen, ist nicht immer ihre große Stärke. Erwin braucht jedoch jemanden, der zumindest ab und zu den Kontakt mit Menschen genießt. Und das ist Timm. Noch ist der eigentliche Besitzer der Herde allerdings nicht da, stattdessen steht da ein anderer Schäfer und nickt in die Runde.

Er ähnelt dem ehemaligen Fußballspieler Paul Breitner. Eigentlich sieht er aus wie Paul Breitner in einem Schäferkostüm. Grünbraune Kleidung, ein Schäferstab und ein grüner Filzhut. Wie aus dem Bilderbuch. Er erklärt uns, dass er die Herde im Blick behält, bis Timm von einem Termin zurückkommt. Er lächelt und ist mir sofort sympathisch. Wie ein Abbild der uralten Motive, die wir von Schäfern kennen, so steht er da. Gegerbte Haut, Fältchen um die Augen.

Während Erwin sein erstes Coaching mit der Gruppe beginnt, nutze ich die Zeit, um mit dem Schäfer, der Andreas und nicht Paul heißt, ins Gespräch zu kommen. Ich erzähle ihm von meinem Projekt und darf ihm schließlich einige Fragen stellen.

Wie war denn dein Weg zu den Schafen, warum bist du Schäfer geworden?

Die Schafe, die Freiheit, und die Natur: das ist für mich das Wichtigste. Das ist seit 1985 so bei mir. Ich komme aus keiner Familie mit Schäfertradition, ich bin der Sohn eines Bauern, gelernter Metzger. Aber meine Liebe gehört den Schafen, also habe ich mich mit einer kleinen Herde selbstständig gemacht.

Warum hast du keine Hühner oder Rinder, sondern Schafe?
Schafe sind beruhigend. Die Herde erinnert mich an meine Kindheit, als mir ein Schäfer ein Lämmchen zur Aufzucht gab. Das war der Beginn einer lebenslangen Liebe.

Womit überraschen die Schafe dich?
Mit ihrer Biestigkeit mir gegenüber, besonders wenn wir in unterschiedliche Richtungen laufen wollen. Die Hunde müssen ihnen dann Respekt beibringen. Eine Herde kannst du nicht ohne Hunde führen. Wenn der Tag mit den Schafen gut funktioniert, bin ich glücklich. Eine Bäckermeisterin kann der nervigen Kundschaft den Zugang zum Laden verbieten, ich kann mich ja nicht einfach von meiner Herde trennen, weil sie nicht nach meiner Pfeife tanzen. Das ist die Herausforderung, jeden Tag, seit dreißig Jahren.

Gibt es noch andere Herausforderungen mit der Herde?
Das Hundebesitzer und Autofahrer oft sehr aggressiv und rücksichtslos gegenüber meiner Arbeit und der Herde reagieren, das macht mich wirklich sprachlos und fertig. Und es ist auch eine große Verantwortung: Kümmere ich mich gut um die Herde, sind die Schafe dankbar. Trotzdem übersehe auch ich mal einen hochgiftigen Strauch wie die Rhododendren oder die Eiben. Wenn ich es zu spät bemerke, dann gibt es Verluste in der Herde und ich bin wütend auf mich, weil durch meine Unachtsamkeit Schafe verenden.

Schafe sind Gruppentiere, aber der Schäfer ist meist allein. Bist du ein Einzelgänger?
Nein, ich bin ein Wiesenmanager, eine Führungspersönlichkeit. Ich arbeite im Team mit meinen Hunden, ich führe das Team an.

Was können wir Menschen von Schafen lernen?
Wir können uns von ihnen Genügsamkeit abgucken, gerade jetzt in der wirtschaftlichen und sozialen Krise. Unsere Großeltern waren noch bescheiden, heute ist das selten geworden. Schafe sind besser darin, das, was gerade ist, zu akzeptieren und das Beste daraus zu machen. Es liegt zum Beispiel ein halber Meter Schnee, erst wundert sich die Herde, dann beginnen die Tiere zu scharren und kommen an ihr Futter. Schafe handeln lösungsorientiert, das können wir von ihnen lernen.

Hat dein Berufsstand Nachwuchssorgen?
Ich sage es mal so: Von meinen fünf Kindern wird wohl nur einer in meine Fußstapfen treten. Unser Berufszweig braucht mehr Nachwuchs, sicherlich.

Was glaubst du, entfernen wir Städter uns von der Natur?
Umweltschutz ist ein großes Thema für die jüngere Generation, das ist gut so. Aber ich sehe die gleichen Schüler, die für den Klimaschutz demonstrieren, bei McDonalds und ihren Müll nach dem Essen achtlos auf die Straße werfen. Oder weit weg in den Urlaub fliegen. Irgendwie passt das nicht für mich zusammen, Sensibilität für die Umwelt muss kontinuierlich gelebt werden.

Ich will gerade noch etwas darauf erwidern, da kommt auch schon Erwin mit der Gruppe zurück. Die ersten Vorbesprechungen sind vorbei, gleich wird es Ernst. Erwin und ich stehen etwas abseits und ich frage ihn, worauf es bei der bevorstehenden Aufgabe vor allem ankommt.

»Ruhe auszustrahlen«, erwidert er direkt, »nicht in Aktionismus zu verfallen. Wenn eine Aufgabe lautet, die Tiere von A nach B zu bringen und wir dann bei B angekommen sind, ist es wichtig, den Schafen auch die verdiente Ruhe zu geben und nicht mit acht Personen wie von der Hummel gestochen um die Weide zu laufen. Unruhe zu verbreiten, gilt es zu vermeiden. Heute sind wir doch alle permanent in Aktion. Kaum einer kommt noch zur Ruhe, tut mal nichts, langweilt sich sogar. Oft lenken wir uns mit unsinnigem Kram vom Eigentlichen ab. Als ginge es darum, sich stets busy zu zeigen, so zu tun, als wäre man dauernd beschäftigt. Das tut ja weder den Schafen noch uns Menschen gut. Deshalb geht es bei dieser Übung vor allem um eins: sich zu besinnen. Den Wechsel zwischen Anspannung und Entspannung zuzulassen. Die Aufgabe verstehen zu wollen, sich ihr zu stellen und danach Entspannung walten zu lassen. Loszulassen. Die Lämmer legen sich hin, die Mutterschafe fressen, dann wird getrunken. Dann kann auch die Führungsperson sich zurückziehen. Wachsame Sorge nennt man das. Dennoch bleibe ich als Mensch mit Achtsamkeit in der Verantwortung und beobachte die Herde.«

Werden die Tiere wohl gleich begreifen, wer die Leitung hat, und werden wir erkennen, welches Tier das Leitschaf ist?

Ein Mensch, der eben noch im Bürostuhl vorm Bildschirm saß, wird plötzlich in Funktionskleidung vor eine achthundertköpfige Truppe Schafe katapultiert. Für die Tiere eine völlig fremde Person. Weder durch den Impuls des Schäfers noch durch den Hund soll sich die Herde gleich durch zwei fußballgroße Tore bewegen und unten am Hang halten. Das ist unsere erste Aufgabe, eine erste Trockenübung.

Die Tore sind mit leuchtenden Stäben markiert. Erwin wählt die ersten drei Teammitglieder aus und erklärt ihnen genau, was er von ihnen erwartet. Aufgabe ist es, die Herde anzusprechen, aber auch die Gruppe. Aufgabenorientierung und Mitarbeitendenorientierung heißt das in Erwins Fachsprache. Beides gilt es nicht aus den Augen zu verlieren. Gute Führung, das heißt heute, die Positionen selbstbewusst zu verteilen und zu schauen, dass die Herde von allen Flanken begleitet wird, sich in die richtige Richtung bewegt. Wenn alles gut geht, laufen die Tiere durch Tor 1.

Wir anderen stehen am Rand. Erst plaudern wir noch, dann werden wir stiller und stiller. Betrachten das Wechselspiel von Mensch, Hund und Schaf.

In der Firma müssen Vorgesetzte Grenzen ziehen, Kompetenzen erkennen, stopp sagen, Freiräume schaffen und Fürsorge gegenüber den Angestellten walten lassen. Im besten Fall entwickelt man Empathie für sein Team. Auch bei der Arbeit eines Schäfers geht es um Zugewandtheit, den Überblick über das große Ganze und die Fürsorge, ja sogar Liebe zur Herde. Wer Schafe hütet, führt ein überaus schwieriges Kollegium. Sie widersetzen sich, haben diverse Kompetenzen und Stärken und ihren eigenen Kopf. Am Ende geht es ihnen vor allem ums Fressen. Und: Die Herde folgt dem Leitschaf, manchmal mehr als dem Schäfer.

Wir beobachten, dass sich die Herde so gut wie gar nicht bewegt und wenn doch, dann in die falsche Richtung. Die Herde spiegelt das Verhalten der Gruppe. Es gibt keine klare Führung, sondern hektisches Durcheinanderrufen. Niemand weiß so recht, was zu tun ist. Stimmen überschlagen sich, Verzweiflung macht sich breit, alle wirken aneinander vorbei. Der Unruhelevel steigt und auch wir Außenstehenden merken, dass es heute hart wird. Als hätte das Team Angst, sich gegenseitig unmissverständlich und deutlich zu sagen: »Deine Aufgabe ist es jetzt, dich da hinten hinzustellen.« Die Herde merkt die Unruhe, wird selbst unruhig. Der Coach beendet die erste Session. Das Tor steht leer und verlassen am Hang.

Inzwischen ist auch Timm der Besitzer der Herde, zu uns gestoßen. Er hat seinen großen Pick-up am Feldweg geparkt, durch die Gitter im Anhänger bellen die Hütehunde. Er öffnet die Ladeklappe, die drei Hunde stürmen heraus. Timm ist Mitte dreißig, ein Baum von einem Mann und Vater von fünf Kindern. Mit seiner Herde ist er im Siebengebirge und Westerwald unterwegs und nimmt abends einige Kilometer Fahrzeit in Kauf, um bei der Familie zu sein. Urlaub kennt er kaum, ein Schäfer ist ja immer da.

Tim ist authentisch und 365 Tage bei der Herde. Das bringt ihm von Teamleitern und Vorstandsvorsitzenden Respekt ein für das, was er leistet. Sorge tragen, verfügbar sein: da kann man noch so manches von den Hütern und Hüterinnen der Herden lernen.

Das Team bekommt nach dem ersten Debakel erst einmal eine Pause. Erwin und ich begrüßen derweil den Esel, der Teil der Herde ist. Er kommt langsam auf uns zu, wir kraulen ihn zwischen seinen langen Ohren. Ich frage Erwin, ob der Vormittag so läuft, wie er es geplant hat. Er sagt: »Wir testen mit den Schafen und der gestellten Aufgabe den Stresslevel des Teams. Wie kann ich Positionen verteilen, wie kann ich kommunizieren, wie binden wir Kollegen ein, die körperlich eingeschränkt sind und die Herde eben nicht anderthalb Kilometer durch den Wald führen können. Wem überlasse ich überhaupt die Führung? Wir sprechen das aus und an, delegieren dann entsprechend. Resiliente Führung spielt in Unternehmen eine immer größere Rolle, darauf bereite ich mit den Coachings vor. Sich abzugrenzen, ist für viele Arbeitnehmer*innen ein Thema im beruflichen Alltag. Und Schafehüten ist echtes Leben, das ist keine Laborsituation am PC.«

Das merken auch die Seminarteilnehmer bald. Schafe büchsen aus, galoppieren Richtung Bach. Das hat eine starke Wirkung auf uns alle. Da muss gehandelt und nicht geredet werden. Am Rand zu stehen und nicht eingreifen zu können, weil gerade die andere Gruppe dran ist, fällt mir sehr schwer. Während wir zuschauen und diskutieren, zieht ein Kursteilnehmer plötzlich eine der wenigen Ziegen aus der Herde. Versucht sie aus der Mitte der Herde eher am Rand aufzustellen und hofft, das andere Ziegen folgen. Er glaubt, dass die Ziegen die Schafe ablenken. Ich wundere mich darüber, darf nicht eingreifen, bemerke aber die Irritation der Herde. Nach wenigen Sekunden ist die dreifarbige Ziege zurück auf der ursprünglichen Position. Manchmal machen wir alle Dinge, die einfach keinen Sinn ergeben.

Ich merke im Laufe des Tages, dass ich gerne Verantwortung und Führung übernehme, und es mir auch keine Angst bereitet, das auszusprechen.

Es gibt eine Nachbesprechung mit der Gruppe zum »Tor-Gate«, es geht darum, wie man mit Unruhe und Hektik im Team besser umgehen kann. Im Laufe des Tages übernimmt eine Assistentin der Geschäftsleitung die Führung und macht klare Ansagen. Sie überrascht uns alle, denn sie weiß was sie will und kann es gut kommunizieren. Dass sie in der Teamhierarchie nicht ganz oben steht, scheint jedoch ein Problem zu sein. Ihre intuitive Schaf-Kompetenz wird von der Gruppe nicht genutzt, sie erkennen das wertvolle Potenzial für ihr gemeinsames Ziel nicht. Machen den Fehler, sie zu ignorieren. Enttäuschung macht sich breit, aber genau dafür ist dieser Tag ja da, um durchlässiger zu werden, innere Mauern zu erkennen und zu hinterfragen.

Das Seminar ist zweitägig. Bevor wir am nächsten Tag noch mal kurz auf die Weide gehen, gibt es die Chance, das gestern Erlebte theoretisch aufzubereiten und auf den eigenen Alltag, das Team zu übertragen. Auszusprechen, wo man sich mehr von den Kollegen erwartet und sich Unterstützung gewünscht hat, ist gar nicht einfach. Es fließen Tränen, während eingefahrene Strukturen bröckeln und sichtbar werden. Die Frauen aus der Gruppe sind kontaktfreudiger, zugewandter, trauen sich eher Fragen zu stellen, etwas Neues auszuprobieren. Der eigentliche Chef sagt wenig bis nichts, wirkt fast ein wenig desinteressiert. Seine Hände stecken tief in den Hosentaschen. Führung strahlt er mit dieser Körpersprache aber leider so wenig aus wie ein Chihuahua Kampfbereitschaft.

Später wird eine neue Gruppe für eine neue Herausforderung eingeteilt, auch ich gehöre dazu. Wir sollen den Zaun öffnen und die Herde einen Abhang hinunter zu einer neuen Weide führen. Dabei darf ein frisch gefurchtes Feld nicht von der achthundertköpfigen Herde betreten werden. Sammelpunkt ist eine Stelle am Fuß des Hangs mit drei Eichen.

Nun hat das Team schon einiges gelernt. Wir schauen uns die Strecke vorab genau an, besprechen mögliche Gefahren und teilen die Positionen unmissverständlich ein, jeder kennt seine Aufgabe. Kommuniziert wird über das »Stille Post«-System, das heißt, die Informationen werden von einer Person zur nächsten weitergegeben, so muss man nicht über größere Distanzen hinwegschreien. Das Gelände ist nicht ganz einsichtig für den Neu-Schäfer, der jetzt die Herde und das Team führt. Dort, wo wir jetzt die Seiten flankieren, arbeitet normalerweise der Hund.

Alle sind auf Position. Wir starten mit einem lauten Ruf. Die Tiere heben die Köpfe, wir merken, wie aufmerksam sie uns ansehen, jetzt bloß nicht die Spannung verlieren. Wir bleiben ruhig, ich wiederhole den Ruf mit einer kräftigen, zuversichtlichen Stimme. Langsam, wie ein großer Tanker, setzt sich die Herde in Bewegung. Es dauert, bis auf den Befehl die Aktion folgt. Erst zögerlich, dann zutraulicher, setzen die Schafe einen Fuß vor den anderen. Sie nehmen Fahrt auf und werden dann fast ein wenig zu schnell, sie rasen den Abhang fast im Galopp hinunter und dürfen auf keinen Fall an den drei Eichen vorbeipreschen. Andreas zieht seinen Schäferhut und grüßt lachend, als wir an ihm vorbeiziehen.

Die Seite zum Ackerland wird gut abgesperrt, die Herde kommt dann doch rechtzeitig zum Stopp. Ziehharmonikagleich verteilt sie sich breit über das frische Grün, die Tiere senken die Köpfe.

Nur wir Menschen sind noch hektisch, wir trauen der Ruhe noch nicht. Alle laufen weiter ihre Positionen ab, dadurch stiften wir jedoch Unruhe. Bis Tim uns sagt, dass nun der Hund wieder übernimmt und wir zur Teambesprechung hochkommen können. Er habe die Herde ab jetzt im Blick. Er hat allein, nur unterstützt durch seine Hunde, achthundert Tiere im Griff. Achthundert Persönlichkeiten und dazu hügeliges Gelände, wo einige Winkel nicht gut einsehbar sind. Was für eine Verantwortung!

Vor der Teambesprechung gibt es Mittagessen. Erwins Frau und eine Kollegin haben selbst gemachte Kartoffelsuppe mit Würstchen, Brote und Biertische vorbereitet, wir picknicken draußen. Herrlich, warum schmeckt es unter freiem Himmel immer besser?

Nach dem Essen habe ich Gelegenheit, länger mit Timm zu sprechen. Er ist ein siebenunddreißigjähriger Zweimetermann mit einem jugendlichen, offenen Gesicht. Schon als Kind ist er dem Schäfer, der durch sein Dorf zog, mit dem Rad hinterhergefahren, erzählt er mir. Mit den Matchbox-Autos hat er im Kinderzimmer Schäfer gespielt und in der Grundschule das Schafehüten als Berufswunsch genannt. Sein Opa und der Rest der Familie haben darüber lautstark gelacht, aber Timm hat seinen Plan durchgezogen. Wer sich in der vierten Klasse zum Geburtstag nichts als ein Schaf wünscht und nach langen Diskussionen mit der Familie eine Ziege bekommt, weiß was er will. Schnell wurden es in Timms Obhut erst zwei und dann drei Ziegen.

Er erinnert sich noch an Kinderfilme, in denen Grundschüler sich in einem Karren von Ziegen ziehen ließen, diese Bilder trägt er noch heute in seinem Herzen. Manchmal, wenn die Arbeit mit der Herde sehr schwer ist, träumt er von einer Zeit ohne die Verpflichtung und das Hüten. Dann träumt er von einer Hütte in den Tiroler Bergen.

»Immer, wirklich immer, bin ich hier, obwohl ich es mir mittlerweile leisten könnte, auch mal zu verreisen. Einfach mal spontan wegzufahren. Im letzten Jahr hat Andreas für sieben Tagen meine Herde gehütet und ich konnte für eine Woche mit meiner Familie wegfahren. Nachts lag ich wach im Hotelzimmer und hatte Bauchschmerzen. Machte mir fernab dauernd Sorgen, ob alles gut läuft. Es war für mich unmöglich, die Verantwortung abzugeben, selbst in den Ferien. Ich bin völlig ungeübt im Loslassen.

Die meisten Leute schauen heutzutage doch immer nur, wie sie noch einen freien Tag rausschlagen können bei ihrem Arbeitgeber. Wer schultert noch die Last der Verantwortung? Spürt 24/7 die Verpflichtung? Aber alle Firmen, die richtig gut laufen, haben einen Chef oder Chefin, die diese Verantwortung gewissenhaft übernimmt.

Dennoch frage auch ich mich schon mal, wann schaffe ich den Absprung vom Schafehüten? Es gibt ja auch noch ein Leben danach. Momentan drückt mich allerdings eher das schlechte Gewissen, wenn ich ausnahmsweise mal früher nach Hause komme. Dieses oder jenes hätte ich noch bei den Muttertieren machen sollen … Ich habe mit meinen 800 Tieren schließlich eine große Herde. Ich bin ein Schafe-Workaholic. Schafe sind meine Leidenschaft und ich bin der Beweis, dass man sich mit Fleiß und Ausdauer alles aus dem Nichts aufbauen kann.«

Von zu Hause hat Timm kein großes finanzielles Polster mitbekommen, sein Vater hatte einen Pachthof mit Rindern. Fünf Kinder waren sie, da blieb kaum Geld übrig, aber die Unterstützung der Eltern war ihnen immer gewiss. Timm wollte den Erfolg. Er wollte es allein schaffen und darauf ist Timm heute stolz, verständlicherweise. Sein Traum waren fünfhundert Schafe, daraus sind achthundert geworden.

Allen Schäfern und Schäferinnen ist klar, es fehlt bundesweit der Nachwuchs. Die Bänke der Ausbildungsstätten sind fast leer. Wem wird Timm seine große Herde einmal überlassen können? Momentan ist niemand weit und breit in Sicht.

Wer Schäfer werden will, braucht vor allem eine Eigenschaft: Durchhaltevermögen. Und wer keine Tiere mag, ist sowieso raus. Timm spricht vom feinen Gespür, stets zu merken, was hinter deinem Rücken mit der Herde passiert. Es gibt Menschen, die haben ein ausgeprägtes Feingefühl für Maschinen und andere eben für Tiere. Auch Ruhe, Geduld und Besonnenheit sind wichtige Eigenschaften für den Schäferberuf.

Schafe ärgern den Schäfer mehrmals am Tag, da will jeder vor Wut gerne mal aus der Hose springen. Das ist wie bei kleinen Kindern, die am Tisch sitzen. Die Tomatensoße tropft auf die Decke, die Gabel fällt herunter oder ein Glas wird umgestoßen. Immer bringt Eltern etwas aus der Ruhe. Aber Gelassenheit zu bewahren, ist das Beste beim Hüten. Unruhe schafft noch mehr Unruhe. Die Herde spiegelt uns unser Fehlverhalten unmissverständlich wider. Unsere Ungeduld, Gereiztheit, Hektik.

Kaum ein Mensch hat heute noch Zeit, alle haben zahlreiche Termine. Timm sagt: »Wenn ich mit achthundert Schafen eine Straße hier in der Region überqueren will, dann dauert das einige Minuten. Ich spüre physisch den Stress der Autofahrer, die können noch nicht mal mehr fünf Minuten warten. Fünf Minuten, Leute, was ist los mit euch?«

Vor einigen Tagen wollte Timm rechtzeitig weg von der Koppel, aber dann hat ein Muttertier gelammt. Es war trächtig mit Drillingen. Das Tier ließ sich nicht fangen und am Schluss musste sich der Schäfer in Geduld üben. Das Mutterschaf hat ihm gezeigt, was gerade wichtig ist. Wer eine feste Arbeitszeit, ein konkretes Zeitfenster, und einen planbaren Feierabend will, muss Beamter und nicht Schäfer werden.

Dabei ist im Vergleich zu früheren Zeiten ja schon vieles einfacher geworden. Auch Timm arbeitet schon mit modernsten Techniken. Die Digitalisierung hält Einzug, die Tiere sind gechipt. Ihr Gewicht, Alter, Vorbesitzer, Tierarzttermine: das ist heute alles online abrufbar. Bei der Herdengröße, die Timm heute allein betreut, hätte er vor zwanzig Jahren sicherlich noch einen zweiten Angestellten zur Unterstützung gebraucht. Buchführung, E-Mails beantworten noch nach Feierabend, immer gibt es was zu tun.

Timm braucht diese Herdengröße, um mit seiner Familie davon leben zu können. Er verdient zusätzlich zum Verkauf der Wolle auch an der Landschaftspflege, dem Fleischverkauf oder der Mitwirkung an diesem Coaching. Seminare sind eine zusätzliche Einnahmequelle für den jungen Familienvater. »Einige Kolleginnen und Kollegen machen jetzt auch in Schafpellets«, meint Timm, »die trocknen den Schafskot und verkaufen ihn als Dünger. Dafür braucht man aber einen Familienbetrieb, in dem viele Angehörige mithelfen, verpacken, versenden. Das ist viel Organisation, und ich bin jetzt schon am Limit.«

Bevor wir mit der Übung für den Nachmittag starten, reden Timm und ich noch ein bisschen darüber, warum es mich auf die Schafweide verschlagen hat und über das idealisierte Bild, dass viele Menschen in der Stadt von Natur haben. »Städter«, stellt Timm fest, »nörgeln außerdem dauernd über das Wetter. Mal ist es euch zu windig, zu nass, zu warm, zu kühl. Irgendwas stört euch immer. Ich bin doch auch das ganze Jahr dem Wetter ausgesetzt. Wetter ist Wetter. Ich empfinde den Sommer wegen der Hitze als anstrengend, auch für unsere Schafe ist der Hitzestress groß. Ich mag den Regen und die Kälte lieber, dagegen kannst du dich entsprechend kleiden und schützen.«

Ich traue mich dann noch, ihn zu fragen, ob ihm die Tage nicht auch mal langweilig werden. Eigentlich passiert ja nichts auf einer Weide und das Hüten erscheint vielen von außen gesehen als monoton. Doch Timm winkt ab: »Mit den Tieren erscheint mir der Arbeitstag niemals lang, und ich empfinde wirklich nie Langeweile. Wer kann das schon sagen, wenn man den ganzen Tag im Bürostuhl hockt? Ich gestalte meinen Arbeitstag selbstbestimmter als die meisten Angestellten. Heute bin ich mit der Herde auf Bauernland, das ich hüten darf, weil dieser den letzten Aufwuchs an Grass nicht nutzen will, morgen bin ich schon wieder woanders. Neue Leute, die mich beim Hüten begleiten, empfinden eher Langeweile. Ich hingegen genieße die ruhigen Minuten, wenn die Schafe weiden. Es gibt ja auch die stressigen Tage, wenn viele Schafe lammen.

Manchmal sprechen mich unterwegs auch sympathische Leute an, das ist dann eine angenehme Abwechslung. Es gibt aber auch die immer gleichen Dauerfragen von Spaziergängern, die kann ich schon nicht mehr hören: Wie groß ist Ihre Herde? Können Sie davon überhaupt leben? Dabei muss man uns Schäfer weder bemitleiden noch sponsern, damit wir überleben. Da haben sicherlich viele ein falsches Bild. Habe ich einen Miese-Laune-Tag, stelle ich mich einfach auf die entgegengesetzte Seite der Wanderwege und weiche den Mitmenschen aus. So kann ich alleine vor mich hin grummeln. Es gut mit sich selbst auszuhalten, ist Hauptvoraussetzung für meinen Beruf. Wer also seine eigene Gesellschaft ablehnt, ist falsch in unserem Geschäft. Oft stelle ich sogar das Telefon aus, ich bin ja mein eigener Chef, und in der Stille die Natur zu genießen ist einfach das Beste am Schäferdasein!«

Bald danach geht das Seminar weiter. An diesem Nachmittag wird allen aus der Gruppe klar, wie bewegungsfreudig Schafe sind. Sie rennen hastig Abhänge herunter, wir stolpern hinterher. Ein Grüppchen Skudden setzt sich ab, geht eigene Wege, die Herde teilt sich, Chaos pur. Wir schreien, sehen das Ende der Herde nicht, verzweifeln, einige geben auf. Das, was der Hund leisten kann, nämlich Schafen immer wieder eine Richtung vorzugeben, funktioniert bei uns Laien nur, wenn Ansagen klipp und klar formuliert und vor allem während der Aktion des Umweidens selbst nicht noch mal diskutiert werden. Uns wird klar, einigen aus dem

Team liegt das nicht. Timm beobachtet uns, und wenn es droht für seine Tiere gefährlich zu werden oder wir Rücksprache mit dem Coach halten müssen, setzt er seine Hunde ein. In weniger als drei Minuten sind alle Schafe wieder an ihrem Platz.

Die Gruppe nimmt mit, dass der Tag an der frischen Luft nicht nur das idyllische Bild des Weidens ist, dass plötzlich Unruhe und damit Gefahren lauern können. Kleine Augenblicke der Hektik, als ein Schaf beinahe zurücklief, als wir die Straße überquerten, oder als ein Lämmchen drohte unter ein parkendes Auto zu laufen. Man kann der Familie und den Freunden zu Hause nur schlecht erzählen, wie sich das wirklich anfühlt, man muss schon dabei gewesen sein, in diesen Herzschlagmomenten voller Sorge um die Herde.

In der Feedback-Runde mit Erwin besprechen wir noch einmal, wie wichtig die genaue Ansprache der Tiere und das Setzen deutlicher Signale sind. Außerdem braucht es eine Strategie und ein gemeinsames Ziel, man sollte also vorher wissen, was man eigentlich von den Tieren will.

Am Ende dieses anstrengenden Tages wird mir mein Hirtendiplom überreicht, dazu noch eine Kaffeetasse mit einem Schafmotiv aus dem Westerwald. Geschafft. Ich freue mich von ganzem Herzen, bin stolz und erfüllt von dem intensiven Tag an der frischen Luft. Als ich über den Feldweg zu Erwins Auto laufe, werfe ich noch einen Blick zurück. Da steht Timm auf seinen Schäferstab gelehnt und schaut auf seine Herde. Wie gerne würde ich noch einige Tage bleiben, aber mein Schreibtisch und eine volle Inbox rufen mich zurück nach Frankfurt. Wir winken uns zu. Er trägt so viel Verantwortung mit seiner wachsamen Sorge, denke ich. Hoffentlich begegnen wir uns noch mal wieder in diesem Leben. Das wäre schön.

Während der Rückfahrt liegt mein Hirtendiplom auf meinem Schoß. Eine echte Hirtin wie Timm oder Andreas bin ich natürlich trotzdem nicht. Aber ich beginne die Herde zu lesen, zu spüren. Ich ahne, wie meine Reaktionen und ihr Verhalten zusammenhängen. Natürlich könnte ich nicht von heute auf morgen allein die Verantwortung für die Tiere tragen, aber ich qualifiziere mich langsam zur, nennen wir es: Hirtenassistentin. Ich kann meinem Schäfer bereits selbstständig Aufgaben abnehmen, erkenne eigenständig, was zu tun ist und ahne nach diesen Monaten etwas vom Alltag in seinem Beruf.

Die Gruppenarbeit mit Erwin heute hat mir noch einmal vieles verdeutlicht. Ja, den Herdentrieb gibt es wirklich bei den Schafen, wie bei uns Menschen auch. Schafe sind bewegungsfreudiger als gedacht und in der Gemeinschaft bilden sie immer wieder Untergruppen. Aber wenn es drauf ankommt, bleibt die Herde lieber zusammen, als sich zu trennen.

Erwin setzt mich wieder bei meinem Auto ab, ich bedanke mich bei ihm für alles und wir verabschieden uns. Das Herz wird mir schwer, als ich den Westerwald langsam über die im herbstlichen Sonnenlicht golden leuchtenden Landstraßen verlasse. Andreas und Timm werden auch morgen wieder bei den Schafen draußen sein. Bei Wind und Wetter werden sie ihre Herde behüten.

Mein Partner mit der feuchten Schnauze

WAS ICH VON HUNDEN ÜBERS (BE-)HÜTEN GELERNT HABE

Mögen Sie Hunde? Besitzen Sie einen Vierbeiner? Sprechen sie mit Ihrem Hund? Darf er mit Ihnen das Bett teilen, oder ist es ein Arbeitshund? Ein Tier mit einer Aufgabe, ein Blindenhund, Schutzhund, Jagdhund oder Hütehund? Ich meine einen richtigen Arbeitshund, der zum Beispiel beim Zoll schnüffelt, in der Hundestaffel der Polizei tätig ist, einen Hof bewacht, als Vorstehhund eingesetzt wird oder Menschen im Altersheim als Therapiehund beglückt, traumatisierte Personen beruhigt und Menschen mit Sehbehinderungen das Leben erleichtert.

Die meisten von uns besitzen wahrscheinlich einen Gefährten, einen Spiel-, Sofa-, und Kuschelhund, der das Familienleben mit uns teilt. Wer hat schon einen professionellen Hütehund wie der Schäfer?

Geschichtlich gesehen sind nur Jagdhunde die noch älteren Arbeitshunde. Der Mensch zähmte den Wolf, und fortan gingen sie gemeinsam auf die Pirsch. Ein Jagdhund darf die vom Jäger erlegte Beute nicht fressen, er soll dem Jäger helfen, das Wild zu finden oder es zu ihm bringen. Dann wird zum Beispiel eine Ente vorsichtig im Maul zum Jäger zurückgebracht und ihm vor die Füße gelegt. Deshalb ist es zwar wichtig, dass diese Hunde einen ausgeprägten Jagdtrieb haben, aber ebenso wichtig ist es, dass der Mensch diesen in die gewünschten Bahnen lenken kann. Bei Hütehunden ist das ganz ähnlich.

Meine Hunde, die mich durch das Leben begleitet haben, hatten alle nicht mehr wirklich viel Ähnlichkeit mit ihren wilden Vorfahren. Da gab es: *Barry*, den übergewichtigen und schnell zuschnappenden Cockerspaniel meiner Tante Hanni, der neben seinem Napf auch alles aus dem Mülleimer fraß. *Rübe*, einen Zwergrauhaardackel den ich mir über Jahre mühsam von meinen Eltern erbettelt habe und der leider bereits nach vier Jahren an Dackellähme verstarb. Wir hätten ihn nicht die steilen Treppen mit dem Tennisball rauf und runter jagen sollen. Er hatte am Ende solche Schmerzen, dass wir ihn nur mit dicken Gartenhandschuhen unter dem Sofa hervorziehen konnten. *Joy*, eine laufwütige Windhund-Mix-Hündin, habe ich in meinen Studentenjahren aus dem Tierheim geholt. Aber ich hatte einfach zu wenig Ausdauer für dieses Tier, ich dachte zwei Stunden Auslauf neben dem Rad müssen auch ihr mal reichen. *Max*, der imposante Hovawart, der den privaten Personen- und Objektschutz oft zu ernst nahm und mit großer Hingabe einigen Freunden Angst machte. Er zog mit meinem Ex-Freund nach Berlin. Danach kam *Arni*, die erste in Deutschland zugelassene fawn-farbige Bulldogge. Mein Redaktionshund zu Talkshowzeiten, der zu viel furzte, ansonsten eher gemütlich war und weder so bewegungsfreudig wie Joy noch so wachsam wie Max. Aktuell ist der erwähnte *Snoopy* unser kinderfreundlicher Familienhund. Ein Straßenmix mit Schlappohren und krummen Vorderbeinen, der vor Freude hüpfen kann wie ein Känguru.

Kängurusprünge würden dem Schäfer bei der Arbeit nicht viel nutzen. Snoopy kann nur wenige Befehle, dazu gehören: *Hopp* und er sitzt neben dir auf der Couch im Arbeitszimmer, *Ab*, wenn er sich dann doch heimlich auf die gute Couch im Wohnzimmer geschlichen hat, wo er gar nicht hindarf, und *Sitz*, wenn er erwartungsvoll bereit ist, ein Leckerli entgegenzunehmen. Außerdem noch *Komm* als Abruf auf der Hundewiese, aber das klappt nicht immer hundertprozentig. Sagen wir es freundlich: Snoopy handelt recht eigensinnig, oder wie andere sagen: Er hört, wenn er will.

Ganz anders Kemmy-Abby, die strebsame schwarz-weiße und kluge Border-Collie-Hündin des Schäfers. Border Collies liegen stark im Trend, oft werden sie als Familien- oder hübsche Vorzeigehunde angeschafft, die dann völlig unterfordert maximal noch die Ameisenstraßen im Hinterhof bewachen dürfen. Diese Rasse ist aus den Innenstädten nicht mehr wegzudenken, doch ohne eine echte, anspruchsvolle Aufgabe sind diese intelligenten Tiere unterfordert und kurz vor einem Gehirnschaden. Das Potenzial dieser Hunde wird nicht abgerufen, wenn man ab und zu eine Runde mit dem Rad fährt oder die Teenager-Kids gelangweilt um den Block gehen.

Border Collies wollen hüten, hüten und nichts als hüten. Das ist ihre Bestimmung, Leidenschaft, ihr Talent. Wenn Serena Williams mit ihrem Tennisgen bei einer Behörde hinter dem Schreibtisch säße, wäre das auch eine Verschwendung von Talent. Border Collies werden zwölf bis fünfzehn Jahre alt und ihre Fähigkeiten sind bis ins hohe Alter abrufbar. Oft entscheidet sich der Schäfer für einen Rüden, weil die nicht läufig werden.

Leider geben zahlreiche Züchter die Welpen eben auch an in der Stadt lebende Familien ab, um ihre Kasse aufzubessern. Die armen Seelen hüten dann in ihrer Verzweiflung Fliegen am Kinderzimmerfenster oder laufen der S-Bahn hinterher. Und seitdem die Pandemie vorbei ist, eine Hochphase des Hundekaufs, haben viel Mitmenschen das Interesse an ihrem Tier schon wieder verloren und so füllen sich die Tierheime, weil keiner mehr Zeit für den Hund hat.

Kemmy-Abby ist hingegen ein absoluter Profi. Ein Vollbluthund aus einer Züchtung für Profi-Schäfer. Diese Hündin kann sogar ihren Stuhlgang kontrollieren. Sie erledigt ihr Geschäft (kackt) tatsächlich nur, wenn sie nicht hütet. Nie im Job. Vielleicht liegt es daran, dass sie aus einer weltmeisterlichen Zucht stammt, echte Champion-Qualitäten in sich trägt.

Kemmy-Abby ist ein Workaholic, sie entspannt nur, wenn kein Schaf in ihrer Sichtweite ist. Es ist Aufgabe des Schäfers zu schauen, dass die Hündin zur Ruhe kommt. Dafür wird sie regelmäßig in der Hundebox im Auto abgelegt, damit sie zwischen den Hüte-Einheiten auch wirklich abschaltet.

Ich kann nicht aufhören, Kemmy-Abby bewundernd bei der Arbeit zuzuschauen. Wie sie vor- und zurückläuft, wie ihr nichts, aber auch gar nichts entgeht. Ich muss jedes Mal darauf achten, dass mein Mund nicht staunend offen stehen bleibt. Die Schafe könnten versuchen, sich auf Klauenspitzen hinter ihrem Rücken vorbeizuschleichen, Kemmy-Abby würde es bemerken. Sie würde die Schafe selbst dann enttarnen, wenn diese sich im *Masked-Singer*-Style Kuhfelle als Tarnung überstreifen würden.

Wie dieser Hund hoch konzentriert die Lage überblickt, zurückhängende Tiere einfängt und von hinten antreibt, sich wieder der Herde anzuschließen, macht mich sprachlos. Ihr Blick haftet immer auf dem Schäfer, wie ein Kaugummi klebt sie an ihm. Zwischen Mensch und Hund passt kein Blatt. Seit vier Jahren arbeiten sie nun zusammen. Die Befehle, die Kemmy-Abby ausführt, werden seit Hundegenerationen weitergegeben, Schäfer und Hütehund sind ein eingespieltes Team. Wäre der Schäfer nicht Schäfer, hätte er nicht diesen Hund.

Kemmy-Abby ist ein Arbeitshund, aber Schmuseeinheiten bekommt sie nach einem langen Arbeitstag natürlich auch ausreichend. Verhätschelt wird sie jedoch nicht. Sie trägt weder ein Regencape in Barbie-Pink, noch passendes Hundepfoten-Schuhwerk dazu. Sie schläft auch nicht in einem Hundebett mit eingraviertem Namen, all diese vermenschlichten Spielereien sind dem Schäfer und Kemmy-Abby fremd. Kemmy-Abby macht einfach ihren Job.

Linksherum hüten, rechtsherum hüten, geradeaus gehen, geh auf mich zu, hinlegen, ein Schaf suchen, komm her. Diese sieben Befehle beherrscht Kemmy-Abby. Ich habe versucht sie Snoopy beizubringen, aber er hat nur kurz meine Hand geleckt und sich dann auf der Couch gemütlich in eine neue Schlafposition gedreht. Wenn ich zu Snoopy »rechts herum« sage, scheint er zu denken: Ist mir doch egal von welcher Seite ich hier meinen Napf ansteuere, Hauptsache, der ist gefüllt.

Hütehunde wie Kemmy-Abby beherrschen bei der Übergabe an ihre Besitzer bis zu zehn Befehle. Schäfer mit großen Herden bringen ihren Hunden dann außerdem bei, die Herde zu teilen und zum Beispiel zehn Schafe vom Rest der Herde zu isolieren. Es gibt beeindruckende Meisterschaften und schwere Prüfungsaufgaben für hoch dotierte Hütehunde.

Auch der Schäfer aus dem Rodgau hat noch mal eigene Befehle und das Vokabular seines Hundes erweitert. Mit den Schafen spricht er Hessisch, mit Kemmy-Abby Englisch. Ein bilingualer Arbeitsplatz. Kemmy-Abby ist für mich der Ronaldo (oder die Alexandra Popp) der Weide, ein absoluter Superstar. Das merkt man auch am Preis: Ein top ausgebildeter Hund kostet mehrere tausend Euro. Selbstverständlich sitzen viele der Züchter in England, aber es gibt auch erfolgreiche und seriöse Hütehund-Zuchten in Deutschland.

Manchmal rufe ich Kemmy-Abby in einer Pause auf der Weide kurz zu mir, knie mich zu ihr herunter. Ich lobe sie, tätschele sie überschwänglich, spreche immer wieder ihren Namen aus und sie liegt auf dem Rücken und genießt meine Zuneigung. Wir machen das immer nur ganz kurz, fast ein wenig hastig, schnell muss es gehen, wenn ich sie mit Liebe überschütte. Sie darf keinen Zuruf des Schäfers verpassen.

Erklingt die »Abby-Tonlage«, weiß der Hund: Obacht. Was genau der Schäfer zum Hund sagt, ist vielleicht gar nicht so entscheidend, wichtig ist, dass seine Stimme eine andere Tonlage hat, als wenn er seine Schafe anspricht. Für Kemmy-Abby ist der Schäfer der Leitwolf, das Superalphatier der erfahrene Boss, der Kommandos erteilt. Doch es ist nicht nur die Tonlage, auch Gesten sind wichtig in der Kommunikation zwischen Hund und Schäfer. Wenn Kemmy-Abby die Herde links herum einkreisen soll, bewegt der Schäfer dabei seine linke Schulter nach vorne, beim Kommando »rechts herum« die rechte Schulter.

Dazu muss man sagen: Der Hütehund ist kein Vertrauter der Schafe, mit dem es Absprachen zu machen gäbe. Der Hütehund ist der verlängerte Arm des Schäfers, er muss sich auf ihn verlassen können. Hütehunde und Schafe dürfen keine allzu enge freundschaftliche Verbindung eingehen. Der Hütehund dealt nicht, er ist unbestechlich. Er hat die Herde stets im Blick, lässt keinem Schaf eine Ausnahme durchgehen. Der Hütehund ist unerbittlich im Dienst des Schäfers.

Auch Kemmy-Abbys Blick klebt an den Augen und Lippen des Schäfers, sie hält immer Blickkontakt mit ihm. Fast scheint sie ihm gefallen zu wollen, sie will ihren Job richtig machen, richtig gut machen. Sie umrundet die Herde, wendet die Augen nicht von den Tieren ab. Sie scheint ein Problem zu ahnen, bevor es auftritt. Sie ist Beschützerin und zugleich Begrenzung des begehbaren Terrains, sie schirmt die Herde ab, wenn noch kein Zaun steht, wenn sie auf offenem Gelände grast, wir die Weiden wechseln, die Straßen überqueren oder durch die angrenzenden Dörfer laufen.

Ein Schäfer muss sich blind auf die vierbeinigen Kollegen verlassen können, denn oft sind die Herden so groß, ist das Gelände hügelig und schwer einsehbar, sodass er nicht alles übersehen kann.

Der Hütehund umkreist die Herde, versteht wenig Spaß, nimmt alles ernst. Er will auch gelobt werden vom Schäfer, bevor er sich erneut duckt für die nächste Umrundung. Er nimmt jedes Schaf einzeln wahr. Wenn sie versuchen, auf der anderen Seite des Grabens das frischere Gras zu rupfen, sich doch Richtung Acker des Bauern zu bewegen oder drohen, durch die Gärten der Zugezogenen zu laufen, rast er schneller heran, als ein Komet erlischt. Drängt das verlorene, bummelnde oder schnuppernde Schaf zurück zur Gruppe. Ein individuelles Ausscheren ist nicht erwünscht, wenn Gefahren drohen durch Straßen oder Anwohner. Extrawürste werden nicht gebraten.

Die Schafe dürfen nicht verletzt werden, sie dürfen weder bluten noch humpeln, das ist den Hütehunden abtrainiert und weggezüchtet worden. Trotzdem ist ein Hütehund genauso aufgeregt wie sein Vorfahre der Wolf, wenn er sich bei seiner »Beute« anschleicht.

Kemmy-Abby darf das Schaf nicht richtig packen, und nur ganz selten geschieht es dennoch, dass sie ein Schaf zwickt. Sie beherrscht aber noch andere Methoden. Bellt etwa viel zu laut, direkt neben dem Schaf. Es ist nicht taub, es will nur noch rasch vom satten Grün naschen, genau da, wo die anderen nicht hinkommen. Das Schaf schlingt hastig, will sich schnell den Magen vollhauen, da kommt schon der Hund. Das Schaf läuft wieder Richtung Herde, im Laufen reißt es noch eilig ein Büschel Gras vom Acker. Kemmy-Abby folgt dem Schaf und ein bisschen sieht es aus, als versuche sie dem Schaf zu erklären, warum sie das hier tut und als bäte er um Mithilfe. Natürlich prüft sie auch, ob es ihrem Befehl gehorcht.

Ich kenne das nur aus dem Vorgesetzten- und Angestelltenverhältnis. Es gibt Momente, da musst du einfach tun, was dir deine Vorgesetzten sagen. Wir Menschen diskutieren wahrscheinlich noch den besten Lösungsweg, erstellen Excel-Listen und machen uns erst dann an die Arbeit. Nicht so Kemmy-Abby. Der Hütehund geht davon aus, dass sein Chef immer die beste Lösung kennt.

Wenn die Tiere nach dem Umkoppeln auf der neuen Weide liegen und Kemmy-Abby auch endlich entspannt, ist das ein schöner Moment für mich. Vertrauen, Zutrauen und das genaue Beobachten spielen eine wichtige Rolle beim (Be-)Hüten mindestens ebenso sehr wie Leistung und Einsatz. Dieser permanente Wechsel zwischen Anspannung und Entspannung ist etwas, das ich bei meiner Rückkehr in den Alltag versuche mitzunehmen. Ruhe und Weichheit müssen auch ihren Raum bekommen, bei allem Pflichtbewusstsein. Darin wird Kemmy-Abby meine Lehrmeisterin.

Vielleicht könnten wir von den Hunden auch lernen, zuzuhören, was man uns sagen will, und genau danach zu handeln. Weder zu prokrastinieren, noch zu diskutieren, sondern *es einfach zu tun*. Sich in den Dienst des Partners, der Kolleg*innen zu stellen, für die anderen da zu sein, wenn sie uns mit unseren Fähigkeiten genau jetzt brauchen. Die Symbiose zwischen Schäfer und Hund hat ihre eigene Sprache, natürlich ist es etwas anderes, wenn ich mit Kolleg*innen ein Projekt diskutieren oder mit meinem Partner die Lästigkeiten des Alltags zu klären habe. Wir diskutieren viel und gerne und sehr leidenschaftlich, zaubern neue Argumente hervor, die das Gegenüber überzeugen sollen. Alles richtig, alles gut. Aber das habe ich auf der Weide gelernt: manchmal muss man etwas auch einfach nur abhaken. Machen, ohne lange darüber zu reden. Können und Kompetenz abrufen.

Es gibt auch Dinge, auf die ich regelrecht neidisch werden könnte. Sich behütet zu fühlen in einer Umgebung, in der einer genau weiß, was richtig und was falsch ist für das Wohl des Kollektivs und mit einer klaren Entscheidung vorangeht, würden wir uns im Alltag auch oft wünschen, oder nicht? Hat bei uns Menschen nur leider bisher meist nicht so gut funktioniert, wir verlassen uns zu oft auf die falschen Anführer.

Hunde sind meine Lebenstiere. Ich trage sie weder in Handtaschen herum, noch kaufe ich ihnen bunte Regenjäckchen, ich behandle sie wie Hunde. Sie haben mich durch Kindheit, Jugend, Ausbildung, Studium und im Beruf immer begleitet. Ich mag ihre Feinfühligkeit für Stimmungen, ihren Spieltrieb, ihre aufgekratzte Freude beim Wiedersehen und ihre Neugier. Ihr volles Vertrauen, wenn sie uns ihren Hals und Bauch entgegenstrecken. Diese Tiere können tatsächlich Trostspender in schweren Krisen sein, das habe ich selbst erlebt. Seit Jahrhunderten teilen wir den Platz um das Feuer. Aber es sind Tiere mit unterschiedlichen Begabungen und Talenten, je nach Rasse, die gilt es richtig einzusetzen, damit der Hund nicht physisch oder psychisch verkümmert.

Kemmy-Abby hat mich zu Beginn gar nicht richtig wahrgenommen. Sie war weder feindselig noch zugewandt, eher gleichgültig. Ich wollte ihr von Anfang an gefallen, wollte, dass sie mich mochte. Leckerlis sind zur »Bestechung« nicht erlaubt, sie bemerkt aber meine Beständigkeit und Beharrlichkeit. Dass das mit mir keine Stippvisite ist, kein kurzes Einfliegen der Städterin, die mal fünfzehn Minuten Landluft schnuppert. Woche für Woche hat sie sich mir angenähert, schnupperte und beobachtete zunächst, wollte wissen, wer hier neu in ihre Welt eintaucht. Nun wird sie von Monat zu Monat zutraulicher.

Ich musste mir ihr Zutrauen durch Zuverlässigkeit richtig erarbeiten, aber Zurufe oder Befehle darf ich keinesfalls mit ihr üben, das Recht gehört ausschließlich dem Chef. Ich rufe sie zu mir, wenn sie entspannt. Und freue mich, wenn sie wedelnd vom hintersten Winkel der Weide auf mich zukommt, sich ihre Kuscheleinheit und die Freude über das Wiedersehen abholt.

Ich dachte, ich konzentriere mich in diesem Jahr nur auf Schafe, tatsächlich habe ich aber auch so viel Neues über Hunde gelernt. Da zeigt es sich wieder: Wenn man offen bleibt für Neues, wird man manchmal überaus reich beschenkt.

Ruhig öfter zickig sein

ÜBER ZIEGEN UND FREUNDSCHAFT
AUF DER WEIDE

Starker Wind ist erst, wenn das Schaf keine Locken mehr hat. Für mich allerdings ist es schon stürmisch, wenn mir beim Sprechen die Spuckefäden aus den Mundwinkeln fliegen. Zum Sprechen komme ich gerade aber ohnehin kaum, denn wir kämpfen mit dem superleichten mobilen Zaun, der droht wegzufliegen. Sturmböen nehmen keine Rücksicht auf Umweidungszäune.

Wäre die Einzäunung weg, wäre es auch die Herde. Gestern war es noch der friedlichste und sonnigste Freitag, den man sich denken kann, ein herrlicher goldener Herbsttag. Selbstbewusstes, strahlendes Wetter. Jetzt droht der Sturm, alles einmal auf links zu krempeln. Mit Furor braust er um die Hecken. Wetter so wechselhaft, wie die Spielleistung der deutschen Fußballnationalmannschaft. Ein echter Herbsttag, ein stürmisch-regnerischer Oktobersamstag, der richtig Aufmerksamkeit braucht.

Es ist inzwischen kalt und feucht geworden und morgens viel länger dunkel. Beim ersten Kaffee brauche ich wieder Licht in der Küche. In den kommenden Wochen werde ich im Dunkeln zur Weide aufbrechen und zu Hause sein, wenn die Sonne schon auf die andere Erdhälfte weiterzieht.

Nach dem Tod meines Bruders vor einigen Jahren, es war auch Herbst, dachte ich, die Sonne wird und kann nie wieder scheinen. So schwer war mein Schmerz, dass nichts mein Herz hätte erhellen können. Wie können Wellen weiterhin schlagen, die Bäume gedeihen und die Felder geerntet werden, wenn ein Mensch stirbt, wenn einer fehlt und Freunde und Familie von Trauer umspült werden?

Aber alles geht weiter, auf den Herbst folgt der nächste Winter, auch der aufblühende Frühling und der Sommer kommen wieder. Die Natur ist stärker als wir, wird uns überleben, wenn wir schon lange nicht mehr hier sind. Eine winzige Vorahnung ihrer Stärke erahnen wir heute im Gegenwind.

Eigentlich wollten wir junge Birkenbäumchen in den sumpfigen Teil der Wiese setzen, damit sie die Feuchtigkeit aufsaugen. Hier, wo wir sie pflanzen werden, wächst sehr viel Schilfgras, das ist schon die Vorstufe zur Verbuschung. Die Birken sollen in ein paar Jahren zu prächtigen Bäumen heranwachsen, die stolz auf der Weide stehen, Schatten spenden und den Boden trockener halten.

Birkenwasser ist übrigens sehr mineralhaltig, habe ich gelernt. Der Schäfer trinkt es ab und zu. Dafür muss man den Baum leicht anbohren, dann läuft das Birkenwasser aus der Birke heraus.

Jetzt liegen die kleinen Setzlinge noch auf dem Anhänger und ich habe Sorge, meine Position zu verlassen. Mein linker Gummistiefel drückt die beiden Zacken des metallischen Zaunstabs tief in die Erde. Die Plastikschilder, die das Füttern der Schafe verbieten, und der knallige Warnhinweis auf die elektrische Spannung zerren am Zaun, als hätten sie sich plötzlich mit dem Sturm solidarisiert. Team Schaf verliert einen wichtigen Spieler, so sieht es hier gerade aus.

Alles droht aus den Verankerungen im Boden gerissen zu werden. Die alten Socken und T-Shirts, die an den Stäben befestigt sind, reihen sich ein in den Tanz der Böen. Der Schäfer muss bei seinen Aufgaben das Wetter immer mit einrechnen, manchmal ist der zeitliche Korridor sehr eng.

Ich schaue zu ihm hinüber. Der Schäfer steht da und bleibt ruhig. Wir siezen uns auch im Herbst noch. Seine dunkelgrüne Kappe hat er abgenommen. Im Sportunterricht hat unser Lehrer immer von Körpersprache gesprochen, der Körper des Schäfers drückt Zuversicht aus. Wie er dasteht, so gerade, als gäbe es für ihn die Unwetterwarnung gar nicht. Nur seine Haare sind vom Wind zerzaust.

Er ist nie um eine Antwort verlegen, er kann in jeder noch so krisenhaften Schafsituation improvisieren und hatte in den vergangenen Monaten trotz der Arbeit immer ein offenes Ohr für meine Fragen. Fest steht er da im Wind.

Plötzlich deutet er mit dem linken Arm Richtung Weide. Immer wieder. Meine Augen folgen seiner Bewegung. Jetzt legt er trichterförmig seine Hände um die Lippen. Schreit mit seinem Handmegafon eine Information zu mir herüber, die der Sturm jedoch ins Nichts bläst. Ich schaue nochmals in die Richtung, in die er deutet, und sehe drei Zackelschafe, die sich etwas von der Herde abgesetzt haben und dicht beieinanderstehen. Er ruft und winkt. Na und, nichts Ungewöhnliches, denke ich und wünschte, ich könnte Lippenlesen.

Der Schäfer versucht gerade an einem Baum die Kamera abzumontieren, damit sie nicht aus der Astgabelung gezerrt wird, und deutet immer wieder auf die drei Schafe. Irgendwas ist nicht in Ordnung. Ich muss mich entscheiden, bleibe ich an meinen Platz und sichere den Zaun oder schaue ich nach, was bei den Zackelschafen los ist? Ich verstehe nicht, warum der Schäfer seine Stimmbänder so strapaziert, ich sehe nur: Ihm steht die Sorge ins Gesicht geschrieben. Eines der Tiere senkt den Kopf tief, die zwei anderen stehen daneben. Wie drei Teenager in einer Schulhofecke wirken sie auf mich.

Manchmal muss es auf der Weide schnell gehen. Blitzschnelles, intuitives Handeln ist gefordert. Nicht zögern, nicht schnacken, sondern anpacken, es kann Gefahr drohen. Ich drücke noch ein letztes Mal meine Stiefel in die Absperrung und laufe zu den Dreien. Usain Bolt hätte es sicherlich nur ein gebücktes, gekrümmtes Vorwärtsschleichen genannt, denn der Wind ist wie ein Gegner, der mir das Feld nicht überlassen will.

Zwei der Schafe ziehen sich mit langsamen Schritten zurück, als ich angelaufen komme. Mein lautes Japsen ängstigt sie vermutlich. Kein Wunder, dass ich so keuche, laufen Sie mal mit Gummistiefeln, die zwei Nummern zu groß sind, bei Gegenwind über eine matschige Weide. Dummerweise habe ich die Einlagen letzte Woche entfernt, um sie durch neue zu ersetzen und genau das vergessen. Ich muss mir dringend neue Stiefelsocken oder Roßhaarstrümpfe für die gerade so übergroßen Schuhe bestellen.

Als ich wieder Luft bekomme, bemühe ich mich mit ruhiger Stimme zu den Tieren zu sprechen. Eigentlich spreche ich eher zu mir selbst, beruhige mich. Das dritte Tier hat sich mit seinen langen, gedrehten Hörnern im Zaun verfangen. Es reißt daran und verheddert sich immer mehr in den kleinen Nylonquadraten. Es springt und bockt, als ich mich ihm nähere. Die Halterungen sind längst aus dem Boden gerissen.

Das Tier zieht und zerrt am Zaun, hat die Augen weit aufgerissen. Ich packe es erst am Hinterbein, greife dann nach dem Vorderbein auf derselben Seite und lege es seitlich auf den Boden. Wir atmen beide schwer. Der Schäfer blickt zu uns herüber. Er steht jetzt auf einer Leiter und trotzt dem Wind. Hoffentlich geht das gut.

Ein wildes Schnüre-Wirrwarr ist um den Kopf des Schafes entstanden. Als trüge es eine bunte Wäscheleinenkrone zwischen seinen Hörnern. Unsere Blicke treffen sich. Langsam drehe ich den verschlungenen Zaun Runde um Runde vom länglichen Horn ab. Ich muss mir das Material genau ansehen, damit ich es nicht noch schlimmer mache, und die Schlaufen in der richtigen Reihenfolge entwirren, gleichzeitig muss ich das Schaf festhalten und Ruhe bewahren, denn viel Zeit haben wir nicht. Das Schaf wartet nur auf eine Gelegenheit, um sich sofort wieder aufzurichten.

Die zwei anderen Schafe kommen langsam wieder näher, beobachteten uns. Wagen sich einen Schritt voran. Beschnuppern meinen Rücken, meine Schultern.

Die Blätter stieben im Wind hoch, es peitschen kleinere Äste über die Weide. Ich will das Unglücksschaf nicht einfach losschneiden, uns würden sonst an die zwanzig Meter Zaun, eine ganze Rolle, verloren gehen. Noch zwei Drehungen und ich lockere meinen Griff. Geschafft. Das Horn ist nicht verletzt, das Schaf ist mit dem Schrecken davongekommen und der Zaun ist heil geblieben.

Das Schaf schüttelt sich. Jetzt stehen alle drei wieder zusammen. Ganz still stehen sie da, nur die Wolle wird vom Wind zerzaust. Wie drei enge Freunde, die auf den Schulbus warten. Die beiden anderen hätten nicht kommen müssen, intuitiv haben sie gespürt, dass etwas nicht stimmt.

Ich richte den Zaun neu aus. Wären wir erst ein bis zwei Tage später auf der Weide erschienen, dann hätte es sogar tödlich ausgehen können für das Jungtier. Es hätte in seinem Kampf um die Freiheit alles noch verschlimmert, sich selbst zu einem anwachsenden Schnurball-Schaf immer fester im Zaun eingewickelt und wäre letztendlich wohl an den Stromschlägen verendet.

Freundschaften auf der Weide gibt es gar nicht so selten, das haben mir inzwischen mehrere Schäfer*innen bestätigt. Und auch durch meine eigenen Beobachtungen weiß ich: gegenseitige Sympathie überschreitet sogar Artgrenzen.

Zum Beispiel sind oft Ziegen die Buddys von Schafen. Ziegen und Schafe stehen häufig in gemischten Herden, schließlich sind beide Nutztiere. Sie verbringen den Tag zusammen auf der Weide, schlafen, dösen, fressen gemeinsam, haben den gleichen Rhythmus. Sie sind gerne draußen und fressen sich nicht gegenseitig das Gras von der Weide. Bei Wind und Kälte schützen und wärmen sie sich gegenseitig, drücken ihre Körper zusammen und trotzen dem Regen. Sie funktionieren als Gemeinschaft. Auch wenn Schafe lieber Freundschaften mit Schafen schließen und Ziegen lieber bei Ziegen stehen, auf der Weide sind sie nicht aggressiv miteinander.

Vielleicht ist es eher eine Bekanntschaft, so wie unter uns Menschen, wenn wir ein Nachbarschaftsnetzwerk pflegen oder unsere Arbeitskolleg*innen mögen. Wenn wir uns in den Meetings nicht in die Quere kommen und mit genau diesen Kolleg*innen immer eine gute Zeit auf dem Betriebsfest oder mittags in der Kantine haben, ist das viel wert. Auch wenn wir uns nicht hundertprozentig fallen lassen, es sind nicht die Freunde, die wir um Geld anpumpen oder bei einem Notfall nachts aus dem Bett klingen würden. Kolleg*innen kommen und gehen. Die Firma, die Herde bleibt. Einzelne Tiere werden verkauft, geschlachtet oder versterben. Kolleg*innen kündigen, ohne es mittags beim Milchreis mit Zimt und Zucker anzukündigen, du erfährst erst aus der Rundmail mit der Abschiedssekt-Einladung davon.

Schafe und Ziege halten zusammen, wenn es um Dickköpfigkeit, Sturheit und ihren gemeinsamen Aufpasser, den Hütehund geht. Denn das ist ja ein hierarchisches und kein freundschaftliches Verhältnis auf Augenhöhe, der Hund ist ja sowas wie der verlängerte Arm des Chefs.

Und Schafe und Ziegen ergänzen sich in vielerlei Hinsicht, was auch für den Schäfer hilfreich ist: Ziegen fressen gerne und sind nicht wählerisch. Ihr Magen ist widerstandsfähiger als jeder

Thermomix. Du kannst neben Gräsern und Kräutern alles in sie hineinwerfen, irgendwas kommt am Ende dabei raus. Ziegen überleben Essensreste vom Straßenrand, Laub von Büschen und Bäumen, Papier, sogar für Rinder unverdauliche, giftige Nahrung.

Sollte Ihnen Ihre Gartenbanklehne nicht mehr gefallen, nagen sie das Gehölz sicherlich auch noch runter. Sie fressen sich durch meterlange Brombeerhecken gegen die Verbuschung an, sie sind mit ihrem Verbiss heute aus der Biotop- und Landschaftspflege nicht mehr wegzudenken. Ziegen überwinden für ein gutes Essen auch schon mal beschwerliche Wege, klettern auf Baumstämme und Felsen. Sie fressen alles, was pflanzlich ist. Und natürlich lieben sie auch die frischen Blätter von jungen Sträuchern und Rinde.

Ziegen und Schafe werden heute immer häufiger in der ökologischen Landwirtschaft zur Düngung oder eben auch zur Pflege schwer zugänglicher Landschaften eingesetzt. Bei verbuschten Trockenbiotopen haben Ziegen sich besonders bewährt. Ein gutes Team also, und untereinander sind sie alles andere als zickig miteinander.

Inzwischen frage ich mich sowieso, wieso vor allem uns Frauen so oft die Bezeichnung »Zicke« als Beleidigung entgegengeschleudert (oder hinterhältig in den Rücken geworfen) wird. Durchsetzungsstark, genügsam, bereit, Hindernisse zu überwinden und als Partner verlässlich? Klar bin ich eine Zicke!

Der Jungschäfer hat inzwischen die Birken vom Hänger geholt. Ich drücke mich gegen die Böen und nehme ihm den Spaten ab. Wir gehen bis zum Ende der Weide, die Gummistiefel schmatzen durch die Wasserablagerungen. Der Sturm zerrt an den Bäumchen unter seinem Arm. Wir Menschen sind so schwach, wenn die Natur ihre Muskeln spielen lässt. Wir sind wie federleichte Tischtennisbälle bei Orkanböen.

Ich drücke den Spaten in den triefend feuchten Untergrund. Sofort wird das Spatenblatt vom Wasser umspült. Wir pflanzen einen Setzling nach dem nächsten. Eine Prüfung in Geduld. Wir wollen die Arbeit erledigen und wissen, es ist der falsche Tag. Der Sturm reißt an den dünnen Ästen wie der Föhn am Resthaar eines älteren Herrn.

Alles, was nicht tief genug eingewachsen ist, wird von den drängenden Winden umgeworfen. Oben auf dem Feldweg ragt neben einem schlammigen Erdloch ein flacher Wurzelteller in die Luft. Eine Fichte, die in der Nacht umgerissen wurde, ein Flachwurzler. Eigentlich sind diese Baumarten die effektivste Stabilisierung von lockerem Erdreich. Im Sommer sind das aber auch die Bäume, die richtig Stress haben, wenn es wenig regnet, denn ihre Wurzeln reichen nicht bis zum Grundwasser.

Zum Glück stehen nur wenige Bäume dicht an dieser Weide, die Schafe sind also zumindest vor herabstürzenden Ästen sicher. Wir geben nicht auf. Der Jungschäfer und ich graben unsere Bäumchen kräftig ein, treten die Anpflanzung fest und hoffen auf den Anwuchs im kommenden Frühjahr. Wenn uns das gelingt, gewinnt der Schäfer noch mal ein Fußballfeld mehr an Weidefläche dazu.

Wenn ich mal pensioniert bin, tragen unsere Setzlinge hoffentlich die ersten Jahresringe und sind stabil im Boden verwurzelt. Wir haben heute etwas gepflanzt und wissen nicht, wer später im Schatten dieser Birken entspannen oder fressen wird. Wir haben Zukunft in die Erde geschaufelt, sie festgetreten und angedrückt und vertrauen darauf, dass der Baum noch weitere Generationen begleiten wird.

Wie unglaublich sicher wir uns immer sind, dass alles seinen Gang des Wachsens geht. Dabei haben wir doch durch die Flutkatastrophe im Ahrtal, durch Krankheiten und ihre Diagnosen und plötzlich ausbrechende Kriege gelernt: Alles kann dir von einer Minute auf die andere entrissen werden. Zukunft ist fragil und sich darauf zu verlassen, dass alles so eintritt, wie wir es uns erhoffen, ist fast naiv.

Der Schäfer hat die Kamera mittlerweile im Auto verstaut und läuft noch mal den gesamten Zaun ab. Prüft, ob alles sicher ist, bevor wir die Herde verlassen. Als wir den Wagen zurücksetzen, schauen sie dicht aneinander gedrängt zu uns herüber als wollten sie sagen: »Hallo, und wir? Warum dürfen wir nicht mit?«

Winter

Wer hat Angst vor Isegrim?

ÜBER DIE RÜCKKEHR DER WÖLFE

Ich schleiche auf Zehenspitzen durch die dunkle Wohnung zum Zimmer meines Sohnes. Ich will ihn nicht wecken, wie ich niemanden am frühen Samstagmorgen wecken will, der ausschlafen kann. Seit Monaten laufe ich geräuschlos an diesem Wochentag durch die Wohnung. Stelle schon am Vorabend die Tasche mit Wasser, Handschuhen und einer Tüte mit Nüssen bereit. Genauso wie die immer gleiche Schafehose und für heute noch eine wärmende Vliesjacke.

Kein Rascheln, Geräusche vermeiden, den Familienschlaf nicht unterbrechen. Es ist November und auch ich würde gerne in der wärmenden Daunenhöhle weiter meinen Träumen nachjagen. Stattdessen wache ich schon vor dem summenden Wecker auf.

Langsam drücke ich die Türklinke des Teenagerzimmers runter, schleiche am Schreibtisch vorbei, öffne die Schranktür und taste mich zur Kiste mit den Socken vor. Ich sehe nichts und fühle in der Strumpfbox nichts als Sportsocken. Wo sind nur die Skisocken hin? In den Gummistiefeln halten sie meine Füße auf der Weide zuverlässig warm. Wenn ich so der eisigen Bodenkälte trotzen kann, ist mir auch insgesamt warm. Das dicke Knäuel müsste sich doch leicht ertasten lassen! Ich werde ungeduldig, beuge mich ganz tief bis zur hinteren Schrankwand hinein und da sind sie, in der hintersten Ecke.

Ich gähne vor der Kaffeemaschine, heute zieht mich kaum etwas raus. Es ist abends früh und morgens lange dunkel, es sind Wohnungstage, so wenige Wochen vor den Feiertagen zum Jahreswechsel.

Was wäre, wenn ich ihn heute mal ausfallen lasse, meinen Schafetag? Der Gedanke durchfährt mich, als ich den Kaffee in meinen Becher gieße. Das habe ich noch nie gedacht, ich erschrecke mich selbst darüber. Ich bin pflichtbewusst, immer. Ich erscheine überpünktlich zum Dienst, bin immer superpünktlich am Bahnhof, obwohl das bei der Deutschen Bahn wirklich absurd ist. Ich stehe zu meinem Wort, auf mich ist Verlass. Ich kann nicht nicht da sein.

Mein Pflichtbewusstsein ist stärker als meine Müdigkeit, auch wenn mich die Bettschwere heute besonders hartnäckig zurück unter die Daunendecke drücken will. Ich überwinde den Zweifel, ziehe die Haustür leise hinter mir zu. Stehe in der Dunkelheit im Hinterhof, suche den Autoschlüssel in den mehrlagigen Jackenschichten. T-Shirt, Sweat-Shirt, Vliesjacke und darüber eine Daunenweste. Gummistiefel, Wollsocken, Strumpfhose, die wollige Schafehose. Im Rucksack noch eine Regenjacke, nur zur Sicherheit, falls es schüttet. Es kann losgehen, ich mache mich auf den Weg zur Weide.

Ich höre Musik und genieße die menschenleeren Straßen in der Innenstadt und auf den Bundesstraßen und Autobahnen. Höre die Sechs-Uhr-Nachrichten und fühle mich gut, meine Lebensgeister wachen langsam auf. Der Schäfer steht jetzt auch auf. Eigentlich könnte er heute alle Aufgaben alleine erfüllen, doch das Ziel war, ein ganzes Jahr mit auf der Weide zu stehen, auch wenn das bedeutet, meine Komfortzone zu verlassen. Nicht nur im Sonnenschein bei der Herde aufzukreuzen und den Spaziergängern zuzuwinken, die ihren Kindern die Schafe zeigen, sondern auch in den dunklen, kalten Monaten verlässlich Verpflichtungen für die Tiere wahrzunehmen.

Allerdings gebe ich zu, dass mir die hellen Monate mit dem kraftvollen frühmorgendlichen Anbruch der Tage sehr viel mehr das Herz geweitet haben. Das schleppende, schüchterne Tageslicht an diesem Novembersamstag hängt lange im Waldrand und das klebrige Dunkel macht mir ein bisschen Angst. Es erinnert mich an die Schattenseiten des Lebens, die Einsamkeit, den Tod, das Unberechenbare unseres Zeitfensters auf dieser Welt.

Besonders wenn ich den Wagen abstelle und der Schäfer noch nicht da ist, kriecht die Sorge vor dem, was da im Gebüsch lauern mag, in mir hoch. Ich bin sehr schreckhaft, betrete ungern und nur sehr widerwillig dunkle Keller, lese und schaue keine Krimis, weil ich sonst nicht schlafen könnte. Aber hier in der Natur ist es mehr als nur diffuse, zittrige Panik, die sich ab und zu meinen Nacken hochschleicht.

Die Natur, der ich in den letzten Monaten sehr viel nähergekommen bin, ist keine hübsche Kulisse und kein Abenteuerspielplatz. Natur ist fragil. Natur ist nicht zu hundertprozentig kontrollierbar. Und sie kann durchaus gefährlich sein. Ich zumindest will keinem wütenden Wildschwein oder Wolf alleine gegenüberstehen. Denn nach fast zweihundert Jahren sind die Wölfe zurück in unseren Regionen, in Mitteleuropa. Und Schafe sind schließlich beliebte Beutetiere, ganz unwahrscheinlich ist es also nicht, das hier einer auftaucht.

Um meine Gedanken zu beschäftigen, gehe ich im Kopf noch einmal durch, wie ich mich im Notfall verhalten, was ich tun müsste. Nicht füttern. Abstand halten. Nie das Tier bedrängen. Hatte ich eigentlich auch nicht vor. Ich sollte mich in normalem Tempo entfernen und nicht panisch kreischend wegrennen. Was auch hilft: Sich selbstbewusst und breitbeinig hinstellen und groß machen, in die Hände klatschen und laut und fest »Hau ab!« rufen. (Das ist ja ein Tipp, den frau auch in der Stadt häufiger bekommt. Allerdings hat das dann weniger mit Wölfen, sondern eher mit zweibeinigen Raubtieren zu tun.)

Sollten Sie beim Joggen oder beim Spaziergang einen toten, verletzten oder kranken Wolf entdecken, informieren Sie bitte die Polizei oder eine der örtlichen Naturschutz- und Forstbehörden. Fassen Sie ihn auf keinen Fall an, auch wenn er ein wenig aussieht wie der Schäferhund von nebenan.

Wie man merkt, habe ich mich für alle Eventualitäten in meinem Schafejahr vorbereitet, zum Beispiel beim Wolfszentrum, das vom hessischen Landesamt für Naturschutz, Umwelt und Geologie gegründet wurde. Dort wird ein sogenannter Wolfsmanagementplan entwickelt, ein Bestandsplan geführt und die Tiere überwacht.

Für mich ist die Rückkehr der Wölfe ein gutes Zeichen, schließlich war es der Mensch, der ihre Vorfahren im 19. Jahrhundert durch gezielte Bejagung radikal reduziert hat. Ich bin keine Befürworterin des Abschusses von Wölfen, denke das Nebeneinander von Weidetieren wie den Schafen und den Wölfen muss möglich sein. Doch das Thema Wolf schürt die Emotionen. Es ist eine angespannte Entweder-oder-Debatte, die sehr angstbesetzt und populistisch geführt wird.

Leider fehlen bundesweite, einheitliche Kriterien für die Praxis im Zusammenleben zwischen Menschen, Schafen und dem Wolf. Wie stecken wir unsere gegenseitigen Lebensräume ab, ohne uns in die Quere zu kommen? Wir haben über Jahrzehnte dem Wolf den Lebensraum genommen, wir haben sein Revier durch intensive Landwirtschaft minimiert. Nun kommt er dahin zurück, wo wir uns ausgebreitet haben. Wir können nicht alles kontrollieren und wir können nicht allen Raum nur für uns beanspruchen. Auch wenn das eventuell Gefahren beinhaltet. Die Natur ist kein kunterbuntes Bällebad, sie ist auch roh, gewalttätig und unkontrollierbar. Vielleicht ist es das Unkontrollierbare, das auch mir in den dunklen Stunden im Wald manchmal Angst macht.

Dabei sollten wir uns immer wieder erinnern: Die Mehrheit der Wölfe verhält sich gegenüber Menschen scheu und unauffällig. Auffällige oder besonders aggressive Exemplare dürfen abgeschossen werden. Und eigentlich sind es doch schöne und faszinierende Tiere. Wölfe leben in festen Familienverbänden und sind sehr sozial. Sie jagen gerne in der Dämmerung und in der Nacht und kommunizieren mit ihrem Rudel über große Entfernungen über das bekannte Wolfsheulen.

Der Schäfer hat seinen Hund Emil, der die Herde schützt. Nicht nur vor Wölfen, daneben gibt es noch andere Feinde wie Krähen oder Füchse, die die Lämmer und Schafe fressen wollen. Weil phasenweise auch bei ihm die Angst vor dem Wolf sehr groß war, hat der Schäfer außerdem Zäune, die besonders gesichert sind. Und er zieht regelmäßig mit der Herde um, wir spannen mehr Netze und Elektrozäune. Er hängt Kleidung auf, baut Vogelscheuchen und lässt batteriebetriebene Blinklichter flackern.

Die Maßnahmen helfen, aber ein Wolf kommt auch nicht einfach so vorbei und reißt ein Schaf. Er kundschaftet vorher die Lage aus und der Schäfer verändert die Position der Schafe eben permanent. Das scheint Wölfe in seiner Region zu irritieren, jedenfalls hatte er bisher keinen Übergriff. Als ich ihn auf seine Haltung zum Wolf anspreche, sagt er: »Es ist in ein respektvolles Miteinander übergegangen.«

Vielleicht sollte das Thema Herdenschutz stärker in der landwirtschaftlichen Ausbildung berücksichtigt werden. Aber klar ist auch, dass viele der Schäfer in Deutschland schon jetzt am Rande ihrer Existenz sind, da ist der Wolf beziehungsweise der Schutz vor ihm natürlich noch eine Extrabelastung. Es muss sicherlich einen Entschädigungsausgleich für gerissene Tiere geben, Fotofallen sollten aufgestellt oder mehr Förderungen von Präventionsmaßnahmen durchgesetzt werden, wo Wolfsrisse zunehmen.

Durch das Wolfsmonitoring wird klar, dass im Gegensatz zu den östlichen Bundesländern unseres Landes, die Besiedlung in Hessen eine viel langsamere Dynamik hat. Ich versuche mich zu entspannen, so hoch ist die Wahrscheinlichkeit gar nicht, dass ich ausgerechnet heute früh auf Isegrim treffe.

Ich sehe meine Atemwolken und die der Herde in der kühlen Morgenluft und höre den Traktor des Schäfers näherkommen. Als er auf dem Feldweg um die Ecke biegt, hebt er die Hand winkend zur Begrüßung; Kemmy-Abby, der Hütehund, sitzt neben ihm, bellt kurz. Er wird noch richtig locker, denke ich mir und gehe schmunzelnd auf ihn zu, nachdem er das große Fahrzeug geparkt hat. Die Müdigkeit ist wie verflogen, gleich verteilt er die Aufgaben des heutigen Tages, darauf freue ich mich.

Meine Hand gleitet in meine Tasche und ich hole ein kleines Wackelschaf mit einem Schäfer aus Plastik für ihn raus. Beide stehen auf einer Platte, die man sich auf die vordere Ablage des Autos oder eben Traktors kleben kann. *Tinnef,* hätte meine Oma dazu gesagt. Vor fünf Monaten hätte ich es nicht gewagt, ihm dieses Gimmick zu schenken. Jetzt im Winter kennen wir uns besser, frotzeln bei aller höflichen Distanz miteinander. Vor allem der Jungschäfer und ich pflegen diese Kommunikation ausgiebig. Der Schäfer lacht ein wenig, betrachtet das Plastiktier, schüttelt den Kopf. Lächelt, sagt nichts.

Ich habe zwei davon besorgt, eines für ihn, eines für mich. Sie sind ja in der Vorweihnachtszeit auch nicht zu übersehen, in den meisten Geschäften gehören Schafe und ihre »guten Hirten« zur festlichen Dekoration zwischen all den Lichterketten. Und auch in den Buchhandlungen sind Schafe jetzt präsenter, auf den Tischen liegt zum Beispiel *Das letzte Schaf*, eine meiner liebsten Geschichten für die Adventszeit. Da wird die Weihnachtsgeschichte sehr witzig aus der Sicht von sieben Schafen erzählt.

Kaum werden die Tage dunkler, zünden wir Kerzen an und diese heimelige Zuhause-Phase im Winter beginnt. Und passend zur Weihnachtszeit tauchen dann überall die Schäfer mit ihrem Hirtenstab auf. Es waren ja schließlich die Hirten, die zuerst im Stall in Betlehem waren. Sie haben etwas Beschützendes an sich und erinnern mich daran, achtsam zu sein mit mir und den mir anvertrauten Menschen. Gut umzugehen und ein Auge auf meine Liebsten, das Team, den Freundeskreis zu haben. Sie erinnern mich an den Zusammenhalt, den gegenseitigen Schutz. Wir sind soziale Wesen und brauchen einander, warum passen wir nicht immer liebevoll aufeinander auf? Warum sind wir Menschen immer wieder grob, vernichtend und verletzend?

Als ich auf die Idee für dieses Jahr gekommen bin, waren vor allem meine Natur- und Schafsehnsucht mein Antrieb. Nun, gegen Ende meiner Zeit auf der Weide, denke ich viel mehr über das Hüten selbst nach. Das Friedliche, Arglose, für das die Schafe stehen: Das ist doch eigentlich nur möglich, weil jemand sorgsam über sie wacht. Vielleicht könnten wir, und zwar nicht nur zur Weihnachtszeit, viel öfter zu guten Hirten werden, mehr auf unsere Nächsten achten?

Das Schaf wackelt jedenfalls später auch auf meiner Autoablage, es legt sich mit mir in die Kurven und bringt mich damit zum Lächeln. Es erinnert mich an das Leben ohne Stadtlärm. Ohne Schafe geht es bei mir inzwischen kaum noch und es wird mir schwerfallen, das alles hier in ein paar Wochen loszulassen. Der Jungschäfer kommt mit dem Fahrrad auf die Weide, er klingelt lautstark, als er uns erblickt.

Festgefahren und zwiegespalten

EIN TRAKTOR IN NOT UND EIN WEIDE-AZUBI MIT GEWISSENSBISSEN

Im Leben braucht es manchmal ein Seil. So wie jetzt, wo ich hier auf der Weide stehe und langsam kapiere, in welchem Schlamassel wir mit dem Traktor stecken. Nicht immer gelingt es mir gelassen zu bleiben, heute ist einer dieser Tage. Mein Blick auf die Uhr bestätigt, wir stehen hier schon eine Stunde ohne Lösung. Ich reibe meine kalten Hände aneinander, um sie gleich wieder in den Hosentaschen zu verstauen.

Grundsätzlich ist mein Blutdruck niedrig, aber jetzt werde ich nervös, so richtig nervös. Ich sehe überhaupt keine Lösung am Horizont und ohne den Schäfer und den Jungschäfer wäre ich verloren, so tief wie die Reifen im Matsch stecken. Einziger beruhigender Gedanke bei all dem hastigen Hantieren um mich herum: gut, dass nicht ich ihn halb in den Graben manövriert habe.

Diese Art der Nervosität, die mich hier gerade triggert, kenne ich, wenn vor mir eine Woche voller Termine, beruflicher Reisen und Moderationen liegt. Wenn eines der Kinder krank ist, es bei Starkregen durch das Dachfenster tropft, mein Mann nicht da sein kann, weil auch er beruflich unterwegs ist, der Hund an der Tür kratzt, weil er Gassigehen muss und meine Mutter anruft, damit ich ihr bitte die gewaschenen Gardinen aufhänge. An solchen Tagen würde ich mich gerne klonen oder wegbeamen.

Immer an alles zu denken, ist nicht machbar. Ich versuche perfekt zu sein, und scheitere doch laufend an meinem eigenen Perfektionismus. Viele Mütter kennen das Thema: *mental load*. Je mehr ich etwas in einen Zeitplan pressen will, je länger die To-do-Liste wird,desto größer ist die Chance, dass es nicht ganz rund läuft. Mein Trick, um ruhig zu bleiben und nicht auszuflippen, ist durchzuatmen, tief durchatmen.

Mantramäßiges Atmen hilft bei streitenden Teenagern, weinenden Teenagern, kämpfenden und nörgelnden Teenagern. Einatmen, nach jedem Atemzug kurz Luft anhalten, dann ausatmen. Fünfmal wiederholen. Mindestens. Hilft nicht immer, aber oft.

Atmen nimmt mich kurz aus der Situation heraus, schafft etwas Distanz. Auch ich habe nur zwei Arme und Beide, kann aus vierundzwanzig Stunden nicht achtundvierzig zaubern und den Fahrplan der Deutschen Bahn schon gar nicht beeinflussen. Ich erledige aber gerne alles *on time*, nur das Leben hat manchmal andere Pläne. Meine Mutter stürzt beim Drehen eines schweren Sessels, mein Sohn hat nach der Generalprobe am Jugendtheater ein verdrehtes Knie und der Abgabetermin für mein Buch drückt mir im Nacken. Während wir in der Notaufnahme sitzen und auf die Auswertung der Röntgenbilder mit dem Orthopäden warten, könnte ich vor Wut in die Rückenlehne im Wartebereich beißen. Atmen hilft mir, meinen Humor und meinen gelassenen, optimistischen Blick auf das Leben wiederzufinden. Auch wenn ich niemanden herbeibeamen kann, der mir das Problem abnimmt.

Wie ein kleines trotziges Kind würde ich mich im Sturm des Alltags gerne ab und zu auf meine Couch werfen und sagen: Wo seid ihr, Hilfe, bitte löst alle großen, winzigen und kleinen Probleme für mich! Niemand erscheint. Niemand repariert mein Leben. Keiner klingelt an der Tür und nimmt mir mein Problem ab. Ich bemühe mich, nicht schmallippig und angespannt zu werden, wenn etwas nicht nach Plan läuft. Zum Beispiel wenn ich tagelang auf den Handwerker warte, der sich das defekte Dachfenster anschauen will. YouTube-Tutorials googelnd versuche ich dann meist selbst zu reparieren. Mein wunderbarer Ehemann hat viele Talente und Stärken, aber Waschmaschinen oder Sprechanlagen zu reparieren oder herausgesprungene Sicherungen zu beheben gehört nicht dazu.

Manchmal wünsche ich mir einen Menschen im Supermannkostüm mit Akkuschrauber und Werkzeugkasten herbei, der einfach weiß, wie etwas wieder funktioniert. Dabei bin ich diejenige im Haushalt, die den Werkzeugkasten bestückt – es ist wie im echten Leben, wie müssen uns selbst zu helfen wissen. Nun ist ein Traktor auf der Weide kein Teenager, aber manchmal auch unberechenbar, so wie heute. Ich atme tief ein. Das hier wird dauern.

Der Traktor hängt in einem matschigen Graben fest. Der Motor heult auf, die hinteren Räder fressen sich tiefer und tiefer in das Erdreich. Nichts bewegt sich mehr. Das sieht nicht gut aus, wir brauchen den Traktor. Wir wollten die zugewucherte Ebene von Totholz und Bewuchs befreien.

Es regnet noch immer leicht an diesem kalten Tag. Der durchweichte Boden zwingt uns die ungeplante Extraarbeit auf, das große Gefährt da jetzt herauszumanövrieren. Die Zeit drängt.

Der Rückwärtsgang hat nicht funktioniert. Der Vorwärtsgang heult nur noch auf. Wir haben Steine und dicke Zweige unter den mächtigen Reifen platziert. Nichts greift. Der ultradicke Traktorreifen steckt bis zur Achse im Matsch. Das Lenkrad lässt sich nicht mehr drehen. Stillstand und Ratlosigkeit.

Der Jungschäfer hängt die Bandschlaufe und den Greifzug um

einen Baum, befestigt das andere Ende am Zugmaul des Traktors. Ich darf nicht unter dem orangefarbigen Gurt durchgehen, zu gefährlich, sagt der Schäfer, wenn etwas schiefläuft würde er mir direkt ins Gesicht peitschen. So versuchen wir ihn rauszuholen, den Traktor. Zentimeter um Zentimeter. Ich spanne und spanne den Gurt immer wieder nach. Millimeterarbeit.

Der Gurt ächzt, mich wundert, dass er unter der Spannung nicht schon längst gerissen ist. Ich pumpe weiter am Greifzug. Der Schäfer versucht, das landwirtschaftliche Gerät vom Trecker zu holen. Jeder hat eine Idee, nichts funktioniert. Der Nachbar reicht uns über den Gartenzaun seiner Parzelle hinweg sogar Backsteine als Untergrundbefestigung. Wie ein störrischer Esel klebt der Traktor in der Kuhle. Der schiefe Winkel ist kaum zu überwinden, wir scheinen einfach nicht die richtige Lösung zu finden. Der Baum, um den der Spanngurt gewickelt wurde, biegt sich gefährlich weit in die Schräglage. Droht er abzubrechen?

Ich muss eigentlich dringend los, schaue immer wieder auf die Uhr. Ich will den Schäfer nicht allein lassen, habe aber noch einen Produktionstermin für einen Podcast und entscheide mich schließlich zu gehen. Mit schlechtem Gewissen lasse ich den Schäfer mit dem Problem auf der Weide zurück und muss den ganzen restlichen Tag an ihn und den Traktor denken. Gedanklich bin ich auf der Weide geblieben.

Bei den Schafen kann immer etwas Unvorhergesehenes passieren, feste Zusagen sind manchmal schwer einzuhalten. Schäferalltag eben. Es fühlt sich trotzdem nicht gut an, die beiden jetzt allein gelassen zu haben, auch wenn ich nicht wirklich etwas zur technischen Lösung beitragen kann. Mein Bereich ist eher die mentale Unterstützung.

Ich gerate in einen Zwiespalt. Wo ist heute mein Platz? In der Stadt, beim Moderieren des Podcasts, am Mikrofon? Oder auf dem Land, auf der Weide? Ich habe zugesagt, samstags da zu sein und dennoch den Aufzeichnungstermin zugesagt. Nun läuft es nicht wie geplant, mein Pflichtgefühl gegenüber beiden terminlichen Zusagen und Menschen, die mir wichtig sind, läuft innerlich Amok.

Jetzt merke ich, wie ernst ich meine Tätigkeit auf der Weide nehme. Ich kann mich nicht einfach umdrehen und weggehen. Der Beruf als Moderatorin, Journalistin und die damit verbundene Leidenschaft, der Enthusiasmus stand ein Leben lang, bis die Kinder kamen, immer an erster Stelle. Er hat mich ernährt, meine Miete gezahlt und mich weit und hoch fliegen lassen, viele Glücksmomente sind mit ihm verbunden. Er wirkt nach außen. Beim Podcast haben wir nach der Produktion sofort ein Ergebnis, hörbar für tausende von Menschen. Vieles in meinem Alltag liefert mir ein direktes Ergebnis, aber hier auf der Weide braucht alles Geduld, bis das Gesäte sichtbar wird und Veränderungen greifbar sind.

Die Tätigkeiten auf dem Land wirken nicht nach außen, sie sickern langsamer ein. Es gibt dafür keinen direkten Applaus und keine Likes, alles geschieht für sich und wird vom Schäfer bei Wind und Wetter allein geleistet, oft unter schwerer körperlicher Anstrengung, ohne dass es jemand mitbekommt.

Das habe ich in den Monaten auf der Weide gelernt, geduldig die Arbeiten zu erledigen, ohne gleich das Resultat als Belohnung abschöpfen zu können. Handeln für die langfristige Fruchtbarkeit des Bodens, die Herde oder vorausschauend für die kommende Saison. Meine Likes bei einem Post, die Clicks für den ausgestrahlten Podcast, die Verkaufszahlen des Printmagazins, die Auflage beim Buch oder die Hörerquoten bei meiner Radioshow: Ich bekomme diese Zahlen schnell geliefert, sie sind meine direkte Erfolgswährung, neben der Freude am Einarbeiten in ein Thema. Aber alles ist eben auf das Außen ausgerichtet, zu Wirken, zum Nachdenken anzuregen, in Diskussion zu kommen, zu performen.

Zum ersten Mal zweifle ich, ob es richtig ist, die Weide zu verlassen und den Schäfer mit seinem feststeckenden Traktorproblem zurückzulassen. Ich bespreche die Situation mit dem Schäfer. Mein Herzschlag beschleunigt sich, mein Atem geht schneller. Ich muss jetzt eine Entscheidung fällen.

Ein unruhiges kribbeliges Gefühl erfasst mich. Mein ganzer Körper fühlt sich an, als würde er vibrieren. Meine Sinne werden schärfer, mein Blick fokussiert sich, auf die kahlen Äste, den verzweifelten Versuch des Jungschäfers, mit der Schaufel endlich die Achse freizulegen, die in die Hüfte gestemmten Hände des Schäfers, der nicht schimpft, sondern ruhig weiter nach Lösungen sucht. Ich kann jedes noch so kleine Geräusch hören, fast so, als hätte jemand in meinem Kopf einen Lautstärkeregler nach oben geschoben.

Als ich die Autotür hinter mir schließe, fahre ich in das Leben, das ich kenne, in dem ich nicht die Lernende, sondern die Wissende bin. Das Rotlicht geht an, ich tauche ab in das Gespräch. Fliege mit meinen Fragen und Sätzen durch die Welt, in der ich zu Hause bin. Doch mein Herz ist auf der Weide.

Als die Podcastproduktion abgeschlossen ist, rufe ich beim Schäfer an. Ich halte es nicht aus, will wissen, wie die Lage ist und wie sie das Problem lösen. In meinem beruflichen Alltag nehme ich schwierige Themen oder Probleme eigentlich nicht oft mit nach Hause, aber das hier beschäftigt mich.

Der Schäfer berichtet mir, dass er mit seinem Sohn erst mal zu Tisch war, nachdem ich gefahren bin. Um sich zu stärken und dann mit neuer Energie und einem neuen Blick auf die Lage eine Lösung zu finden. Manchmal ist es ja hilfreich, das Leben aus einem anderen Blickwinkel zu betrachten, etwas Abstand zu gewinnen. Das hat auch den beiden geholfen. Sie haben den Greifzug umgehängt, dann hat der Jungschäfer den Trecker bedient, während der Schäfer am Greifzug gepumpt hat. Sobald sich die schweren Reifen ein Stück vom klitschnassen Graben entfernt hatten, griffen sie auch wieder. Es ist alles gut ausgegangen, auch ohne mich.

Schade, zumindest ein bisschen, dass ich dann doch nicht gebraucht wurde. Der Schäfer muss am Ende immer allein klarkommen auf der Weide, alle Entscheidungen zum Wohle der Herde oder des Schutzgebietes, das er beweidet, in Eigenverantwortung treffen. Wer kann das schon von sich sagen? Wenn zum Beispiel mal ein Regler im Hörfunkstudio klemmt, ist da immer noch ein diensthabender Ingenieur, den ich kontaktieren kann.

Was für ein Tag, am Abend liege ich erschöpft auf der Couch, der Hund neben mir. Ich streichle ihm meine Anspannung ins hellbraune Fell, der Rest der Familie ist in der Küche, macht den Abwasch und diskutiert. Ich schließe die Augen. Mal sehen, was mich am kommenden Samstag erwartet.

Wenn die Schäferschippe Trendet

ÜBER ALTES HANDWERK UND NEUE LANDLUST

Ärzt*innen haben ihr Stethoskop. Lehrer*innen ihre Kreide. Schäfer*innen ihre Schäferschaufel. Auf vielen Logos von Schäfereien ist dieses Werkzeug zu sehen. Wofür brauchen Schäfer eine Schippe? Was soll an einer Schippe für Schäfer anders sein als an einer Schaufel, mit der ich an der Nordsee Sandburgen baue? Im Süden unseres Landes, in Bayern und Baden-Württemberg, spricht man übrigens eher von einer Schäferschaufel als von einer Schäferschippe.

Die Schäferschippe (oder -schaufel) ist das perfekte Universalwerkzeug für Hirten. »Ein fauler Schäfer hat eine rostige Schaufel, weil er seine Weide nicht sauber hält«, sagt der Schäfer. Seine glänzt. Er ist Lichtjahre entfernt von faul. Das Schaufelblatt der Schäferschippe ist schmal und aus Stahl, es ist quadratisch und kleiner als eine normale Gartenschaufel. Über dem Schaufelblatt ist ein größerer, abgerundeter Haken, der wie unser Daumen an der Hand etwas seitlich absteht. Der Stab ist üblicherweise aus Holz.

Aber wofür braucht der Schäfer diese Schaufel genau? Ganz einfach, sie ist eine Art Armverlängerung.

Der Haken ist ein Fanghaken. Schafe sind schnell, manchmal muss man sie rasch an den Hinterbeinen packen, etwa weil sie eine Verletzung haben, geschoren oder markiert werden sollen. Schon wenn wir uns zu ihnen runterbeugen, scheinen die Tiere zu ahnen, dass wir nach ihnen greifen wollen. Unsere Arme sind zu kurz, wenn man nicht erfahren genug ist, verpasst man das Schaf um Haaresbreite und stolpert vorgebeugt ins Leere. Das Schaf rennt einem davon, und das schafft Unruhe in der Herde. Läuft man hinterher, führt das nur zu noch mehr Unruhe, und das Hinterbein bekommt man trotzdem nicht zu fassen. Die Schäferschaufel ist da ein rückenschonendes Hilfsmittel auf der Weide.

Der Fanghaken wird weit oberhalb des Knies am Hinterbein des Tieres vom Schäfer angesetzt und dann mit dem anderen Arm beigezogen, so geht der Ablauf einfacher. Ich musste es dennoch einige Male üben, bis ich die Scheu verlor, das Tier zu mir zu ziehen. Normalerweise entstehen aber durch die weiche Rundung des Hakens keine Verletzungen.

Aber nicht nur das: Mit der Schaufel kann man auch die hochwachsenden Disteln gut aus dem Boden heben. Genau bei dieser Sisyphusarbeit unterstütze ich den Schäfer bei meinem nächsten Samstagseinsatz.

Es ist mittlerweile Anfang Dezember. Ein klarer kalter Sonnentag, ohne das es Nachtfrost gegeben hat. Das wird mein Kältegefühl schnell vertreiben, denke ich noch, als der Schäfer mehrere Schippen vom Anhänger holt. Wenn ich jetzt anfange zu buddeln, wird mir sicher schnell warm.

»Warum machen wir das eigentlich im Winter?«, will ich von ihm wissen. Im Garten endet die Saison ja im Oktober, spätestens November, davon berichten Freunde jedenfalls immer erleichtert im Spätherbst, wenn sie Schaufel und Schubkarre mal beiseite legen dürfen. Winterruhe für Garten und Gartenbesitzer. Distel-stechen ist eine dieser Tätigkeiten, erklärt er mir, die gerne immer wieder nach hinten geschoben werden. Es ist lästig, aber wichtig für die Qualität der Wolle. Im Winter treibt die Distel nicht aus, ihr Blattwerk liegt müde und platt, wir können den Umfang der Pflanze gut erfassen und damit gut entlang der mittig in die Tiefe wachsende Wurzel stechen.

Die Disteln sollen möglichst alle in einem frühen Wachstums-stadium auf der Weide entfernt werden, denn sie breiten sich flä-chig aus und übernehmen selbstbewusst und rasant einen Groß-teil der Grasflächen – und noch dazu versauen sie die Wolle der Schafe, die durch die Disteln verfilzt. Da ich keine eigene Distel-schaufel habe, drückt der Schäfer mir den Distelstecher seiner Mutter in die Hand.

Über Jahrhunderte wurde diese Arbeit von Hand erledigt, mit genau solchen Werkzeugen, die auch die Ackerbauern benutzen. Bis zu dem Zeitpunkt, als Bauern begannen Spritzmittel zu ver-wenden, um zukunftsfähig zu bleiben. Wer da noch einen Dis-telstecher in die Hand nahm, wurde verachtet oder zumindest belächelt. Der Schäfer hat das Gerät jedoch nie losgelassen und immer auf Spritzmittel verzichtet, während mein Opa an jeder Rasenkante gedankenlos Chemie eingesetzt hat.

Der Schäfer hat immer versucht, sich allen chemischen Trends zu widersetzen, hat nie das Gleichgewicht der Natur aus dem Auge verloren und ist damit schon lange da, wo sich viele ökolo-gische Trendsetter gerade wähnen. Shops wie Manufactum und Waschbär verkaufen hochwertige Gartengeräte, die aussehen wie zu Großmutters Zeiten, seit Jahren zu Höchstpreisen, der Schäfer hat seine über Jahre gepflegt und verwendet.

Ich bin beim heutigen Distel-Kontrollgang also als *Lara Croft* im Kampf gegen das klettige Böse im Einsatz. Nur, dass meine Waffe Mutters Distelstecher ist. Ein Holzstab mit einer spitz zulaufenden Schaufel und ebenfalls einem Haken daran, aber der ist kleiner. Ich laufe die große Wiese in langen Spuren ab und merke mir am Ende jeder Passage einen Lattenzaun oder einen Baum, um keinen Fleck der Wiese unkontrolliert zu lassen.

Entdecke ich eine Distel, steche ich die Schaufel seitlich in den winterlich harten Boden. Dann drehe ich die Distelschaufel, der Haken packt das herausgewachsene Grün und unterirdisch dreht sich das Schaufelblatt um die lange Distelwurzel. Mit einer Bewegung ziehe ich, wie ein geübter Spargelstecher, die Distel aus dem Boden und lege sie mit dem Kopf nach unten auf einen Haufen, sodass die Wurzel austrocknen kann. Im Laufe des Rundgangs schwillt mein Haufen zu einem kleinen Distelhügel an.

Stück für Stück gehe ich die Weide ab, die Augen auf den Boden geheftet, ich scanne, ich steche zu und bei Erfolg: Ablage auf dem Distelhügel. Lara Croft wäre stolz auf mich. Einige der Disteln leisten jedoch erheblichen Widerstand, brechen ab, halten mit aller Wurzelkraft dagegen. Manchmal bekomme ich nur das obere Blattwerk zu fassen, muss dann erneut zustechen und die Distelschaufel drehen.

Es ist anstrengender als gedacht, der Boden ist hart und die Wiese groß. Trotz der Orientierungspunkte, die ich mir gemerkt habe, muss ich aufpassen, nicht den Überblick zu verlieren, wo ich schon kontrolliert habe, denn oft mache ich zusammen mit der Schaufel eine halbe Drehung. Dann hebe ich den Kopf, um mich wieder zurechtzufinden, bevor ich weitergehe.

Gegen Mittag hängen Disteldornen in meinen Fingerkuppen. Alles, was ich heute noch berühren werde, wird mich mit Mikrostichen an meinen Disteleinsatz erinnern. Aber das ist mir egal. Die Arbeit fühlt sich aller Anstrengung zum Trotz befriedigend an. Sie ist real. Sie ist eben keine Excel-Tabelle, kein Textentwurf, kein stundenlanges am Schreibtisch hocken bis zum Gähnkrampf am Nachmittag aus reinem Sauerstoffmangel. Ich ziehe die Biester raus, weil es eben sein muss, und das mache ich wie bereits die Mutter des Schäfers und vermutlich auch deren Mutter.

Seit Generationen wird es schon so gemacht, und noch immer ist kein effektiveres Gerät erfunden worden als die bewährte Distelschaufel. Das begeistert mich, während ich mich um einen besonders hartnäckiges Exemplar drehe, das gerne an diesem Standort bliebe. Dasselbe gilt für die Schäferschippe, mit der man diese Arbeit genauso gut erledigen kann.

Seit Jahrhunderten wird dieses Werkzeug verwendet, vor allem von Wanderschäfern mit großen Herden. Ein Schäfer kann damit nicht nur Schafe fangen und die Weide von unerwünschten Pflanzen befreien, sondern auch seinem Hund Zeichen geben (falls er, was bei Hütehunden ja mitunter auch vorkommen soll, mal nicht richtig hört oder Befehle falsch versteht) und bei Umweidungen Schafkötel von Straßen und Gehwegen entfernen. Zu guter Letzt steckt an der Schäferschippe ja auch der Schäferstab, auf dem sich ein Schäfer oder natürlich auch eine Schäferin während der langen Stunden des Hütens abstützen kann.

Der Schäferstab hat, ebenso wie die Schäferschippe, nicht nur eine funktionale Bedeutung, sondern auch eine symbolische. Sie tauchen auf Stadt- und Familienwappen auf, und natürlich kennen wir sie aus der christlichen Kirche. Der Hirtenstab steht dann in der Regel für »den guten Hirten«, also für Gott. Und auch auf tätowierten Oberarmen oder Unterschenkeln kann man sie finden. Mein Vater hatte auf dem Logo seiner Handelsvertretung für Duschkabinen einen Schäfer abgebildet, die Schäferschippe in der einen und seinen Sohn an der anderen Hand. Jahrelang habe ich die Schäferschippe also auf seinen Briefumschlägen und Geschäftspapieren auf dem Schreibtisch gesehen, und nun führe ich selbst eine in der Hand. Ja, schon klar, ich hantiere hier mit einer Distelschaufel, aber da wollen wir jetzt mal nicht so kleinlich sein. Er wäre sicherlich glücklich, wenn er das noch sehen könnte.

Wir sind es heutzutage eigentlich gewöhnt, dass so gut wie alles, das wir benutzen, elektrisch funktioniert. Und zunehmend auch noch digital, denken Sie nur an die Mähroboter, die ihre Arbeit komplett ohne Anweisungen und Beteiligung von Menschen erledigen können und abends brav wieder zu ihrer Ladestation rumpeln. Manches Vermessungsgerät wurde seit dem Triumphzug der Smartphones komplett überflüssig, und wer seine Fenster noch wie Großmuttern mit Zeitungspapier putzt, gehört mehr oder weniger zu einer aussterbenden Art. Erstens, weil es heute ganz effiziente elektrische Fenstersauger gibt, und zweitens, weil es überhaupt nicht mehr so viel Zeitungspapier gibt, die Printabos gehen jedenfalls seit Jahren deutlich zurück.

Alles blinkt und piept und misst die Performance, die eigene oder unsere, zumindest so lange die Akkus voll sind und der Strom fließt. Je technisch hochgerüsteter die Alltagsgegenstände sind, desto größer scheint auch unsere Lust am Einfachen, Bewährten zu werden. Man braucht nur die Onlinekataloge großer Versandhändler durchzuklicken oder sich in Baumärkten und Gartencentern umzuschauen: Überall fallen Marken und Produktlinien auf, die aussehen wie aus der »guten alten Zeit«. Da findet man zum Beispiel eine handgeschmiedete Rundsichel mit schönem Griff aus Buchenholz für nicht unbedingt günstige 32,90 Euro oder eine handgeschmiedete Heckenschere für fast einhundert Euro. Für den Preis könnte man sich auch ein elektronisches Modell von einem der gängigen Marktführer kaufen.

Optisch und ästhetisch bin ich immer im Team Nostalgie, auch wenn mir klar ist, dass riesige Flächen nicht von Hand zu meistern sind. Doch die Plastikgehäuse der Roboter und Maschinen, die stutzen, scheren, mähen, häckseln oder kärchern, belasten bei der Produktion und beim Entsorgen die Umwelt, ganz zu schweigen von den Akkus und Batterien. Für einen Reihenhausrasen braucht man weder einen Sitzrasenmäher, noch einen Mähroboter.

Stellen Sie sich vor dem Kauf von Teigknetmaschinen, Küchenmaschinen und Saugrobotern doch einfach die Frage: Brauche ich dieses Gerät wirklich, das mir den Teig knetet? Ein wenig Oberarmtraining hat bisher auch mir nicht geschadet und in Anbetracht der Vermüllung und der Klimakrise müssen wir solche Entscheidungen noch reflektierter Treffen. Auch durch kleine Dinge lässt sich CO_2 einsparen, und selbst wenn es bestimmt schlimmere Klimasünder gibt als den neusten Hochleistungsstandmixer: schaden wird es ganz sicher auch nicht, den eigenen Konsum zu hinterfragen. Oder das Gerät vielleicht lieber einfach auszuleihen.

Ich jedenfalls spüre meinen Bizeps bei der Arbeit, sauge die kalte Luft tief in meine Lungen. Ich bin gerade sehr glücklich auf der Weide. Ja, die Aufgabe ist sinnvoll und physisch. Ich merke, das körperliche Arbeit mich sehr zufrieden macht, auch an der Aufgekratztheit, mit der ich morgens bereitstehe, eine Aufgabe anzunehmen.

Was ich hier tue ist so konträr zu meiner sonstigen Schreibtisch- und Studioarbeit. Mein Körper scheint das auch zu wollen und vielleicht sogar zu brauchen, das signalisiert er mir zumindest. Die angenehme Schwere in den Beinen und Armen, die ich auf dem Rückweg in die Stadt durch das Tragen, Ziehen, Bücken, Schleppen spüre. Die Sehnsucht nach der Dusche danach, die Blasen an den Händen, den Muskelkater am nächsten Morgen. Zu wissen, ich habe meinen Beitrag geleistet, tut mir gut.

Eine Weide mähen, Schafe umweiden: Für mich macht das auch ein Stückchen vom Glück aus. Sich nach getaner Arbeit auf das Gatter zu lehnen und zu sehen, was wir geschafft haben. Das ist ein warmes, stilles Glück, das mich in diesen Augenblicken durchströmt. Auch, weil ich in diesem Jahr wieder eine Lernende bin und nicht nur die langjährige Erfahrene. Zu merken, man kann sich neue Kenntnisse aneignen, egal in welchem Alter, ist ungemein befriedigend. Ich bin dabei dem Wetter ausgesetzt, ich spüre mich in der Natur, wenn mir der Wind um die Ohren pfeift.

Ich bin schaffend und wirkend in Bewegung, sitze nicht im künstlichen Licht oder wirke vor einem Screen.

Warum habe ich das nach dem Abitur eigentlich bei der Berufswahl nicht berücksichtigt? Dieses unmittelbare Arbeiten? Mein Rücken hätte es mir im Vergleich zu den langen Schreibtagen sicherlich gedankt. Normalerweise gehe ich extra ins Training, um meine Muskulatur zu trainieren, in den Monaten auf der Weide ist mein Bizeps von allein auf das Doppelte angewachsen. Ganz zu schweigen davon, dass es wunderbar war, an der frischen Luft zu arbeiten.

Ich will hier nicht von einem Sauerstoffschock sprechen, den ich in den Monaten mit dem Schäfer bekommen hätte, denn als Radfahrerin und Hundebesitzerin muss ich auch bei jedem Wetter vor die Tür, aber ich habe das Wetter in den letzten Monaten noch mal rauer, unmittelbarer erlebt. Ich gehe nicht nur, wie mit dem Hund, passiv durch die Natur hindurch. Ich fasse sie aktiv an, wühle in der Erde, säge Bäume, schichte, mähe und schaue genau hin, was gebraucht wird. Ich bin nah dran, ich arbeite und verbinde mich mit ihr.

Ich kenne Kolleg*innen, die kaum noch an der frischen Luft sind, langsam immer blasser, gemütlich runder werden. Ohne Draußensein würden sich meine Glückshormone ernsthaft beschweren. Mein innerer Schweinehund würde sicher triumphieren, wenn ich bei strömenden Regen auch mal zu Hause bliebe, aber ich liebe Regen. In allen Formen, wenn er auf die Dachfenster prasselt, still vor sich hin nieselt, mir auf dem Rad ins Gesicht peitscht, dann fühle ich mich lebendig. Ich bin pluviophil.

Sich dauernd vor der Natur schützen zu wollen, dem inneren Schweinehund immer wieder nachzugeben hat einen Preis. Das Stresslevel steigt, Depressionen schleichen sich an. Wir Bildschirmmenschen brauchen den Kontakt zu den Jahreszeiten in unserem Alltag mehr denn je.

Die oft auch monotone körperliche Arbeit auf der Weide, die sich vielfach wiederholenden Arbeitsschritte haben mir auch die Chance gegeben, über viele Dinge nachzudenken, etwas gedanklich durchzuspielen und mich von Themen zu verabschieden, die mich bedrücken. Viele Projekte, die ich in Angriff genommen habe, sind unter freiem Himmel entstanden und nicht beim Chillen auf der Couch oder durch das stundenlange Swipen bei TikTok und Insta. Samstags ist jedenfalls seit Wochen garantiert, dass ich abends immer gut einschlafe und durchschlafe. Allein dafür liebe ich meine Schaftage.

Wenn das Leben dir Brennnesseln gibt

FAST DOCH NOCH EIN SIEG FÜR DEN INNEREN SCHWEINEHUND

Wir stehen auf der Düne in Dudenhofen. Ich bin ein gebürtiges Nordlicht, und hier, mitten in Hessen, sieht es wirklich aus wie am Strand. Es fühlt sich weich an, wie echter Dünensand. Heimatgefühle steigen in mir auf. So viele Jahre lebe ich schon nicht mehr im Leuchtturmradius, aber der Gang durch die Dünen, der Geruch von Watt und der erste Blick auf den Wellenkamm sind tief in mir verankert als pures Zuhauseglück. Nur gibt es hier in Hessen weder einen Strandkorb, noch Muscheln und Gezeiten. Leider.

Was ich hier sehe, steht unter Naturschutz. Denn Sandlandschaften, vor allem im Binnenland, gibt es so gut wie keine mehr. Schuld daran sind die voranschreitende Flächenversiegelung, die landwirtschaftliche Nutzung und natürlich auch der Rohstoffabbau, denn ohne Sand kein Beton und ohne Beton hätten wir, nur als Beispiel, nicht all unsere Hochhäuser und Autobahnen bauen können.

Laut Bundesamt für Naturschutz ist die Dudenhöfer Düne eine »von Zwergsträuchern dominierte trockene Sandheide auf entkalkten oder kalkarmen Binnendünen mit meist einzelnen Gebüschen«. Außerdem gibt es eine lückige Grasvegetation, aber dieses Gras hat nichts mit dem Rasen im Garten zu tun, das würde hier nicht überleben.

Die Gräser, die hier wachsen, sind sogenannte »Pioniervegetation« und hart im Nehmen, sie kommen mit dem sandigen Untergrund klar. Es sind genügsame Pflanzen, die hier gar nicht wachsen könnten, wenn sich die Anwohner und politisch Verantwortlichen durchgesetzt hätten, die gerne eine weitere günstige Verkehrsverbindung und damit eine Betonschneise durch dieses Naturschutzgebiet wollten. Ich dachte, die Vereinbarung lautet: weniger statt mehr Verkehr. CO_2 zu reduzieren, die Mobilitätswende nach und nach einzuläuten. Doch wir Menschen reagieren nur schwerlich auf Veränderungen, wir sind selten einer Meinung, leisten Widerstand und meinen noch immer, nur unsere Interessen haben Vorrang. Diese alte Binnendüne hier so geschützt erleben zu dürfen, erfreut mich.

Eine karge, trockene Landschaft – was daran soll so besonders sein? Wenn man lang genug auf der Dudenhöfer Düne verweilt, merkt man es recht schnell: Hier gibt es eine ganz eigene, besondere Tier- und Pflanzenwelt. Die Sandgrasnelken und das Borstengras zum Beispiel, weil beide Pflanzenarten diesen extrem sandigen und trockenen Standort bevorzugen. Sie binden den dünnen Sand, damit er nicht vom Wind abgetragen wird. Und auch der Ginster wächst hier.

Vor allem aber sind es die eher kleinen Lebewesen, die sich auf der Düne wohlfühlen, wie die blauflügelige Ödlandschrecke, Kreiselwespen und der Ameisenlöwe. Bestimmte Insekten brauchen diesen Lebensraum. Im Wald können sie nicht überleben, sie bevorzugen heiße, offene Flächen. Und auch für Vögel ist dieser Ort wichtig, sie finden hier ein Brutgebiet wie es sonst fast keines gibt. Ich muss an Herrn Keil denken, der mir jetzt bestimmt einiges zeigen könnte.

Wenn Sie nun denken, das sei unberührte Natur pur, liegen sie allerdings zumindest halb daneben. Entstanden sind die Binnendünen mit der letzten Eiszeit vor etwa 12 000 Jahren. Mit der Erwärmung kamen allerdings auch die Pflanzen zurück, im Laufe der Zeit breitete sich Wald aus und von dem Dünensand war nicht mehr viel zu sehen. Das änderte sich erst durch den Menschen, der begann das Holz zu roden und das Gebiet als Viehweide für Schafe und Ziegen zu nutzen, die den Boden von dichter Vegetation freihielten. So entstand ein neuer Lebensraum mit unglaublicher Artenvielfalt – zumindest bis die Viehherden verschwanden und die Vegetation zurückkehrte.

Nicht jede Veränderung der Natur, die auf uns Menschen zurückgeht, ist also schlecht, das sollten wir uns immer wieder bewusst machen. Ökosysteme befinden sich häufig im Wandel, manches geht verloren, Neues entsteht. Problematisch wird es aber, wenn zu viel gleichzeitig verschwindet, und wenn eine Art die anderen verdrängt. Da spreche ich jetzt ebenfalls von uns Zweibeinern.

Vor einigen Jahrzehnten rettete ein gescheitertes Bauvorhaben die Düne: Hier sollten Hochhäuser entstehen, aber dazu kam es zum Glück nicht. Stattdessen hat die untere Naturschutzbehörde der Region dafür gekämpft, einen kleineren Teil der Dudenhöfer Düne in den alten Zustand zu versetzen und freizulegen. Ein paar Jahre später erreicht dann der NABU, dass noch ein weiteres Areal freigelegt wurde. Nun soll die Düne auch offen bleiben und als seltener Lebensraum erhalten werden, und das kann nun einmal niemand so gut wie Schafe und Ziegen. Schafe kommen ja ursprünglich aus der Steppe, Ziegen kommen aus dem Gebirge. Beide kommen gut mit heißen und trockenen Regionen klar. Schafe lieben zwar saftige Halme, durch die zunehmende Trockenheit nehmen sie aber auch mit den hellen und trockeneren Vorlieb, die sie hier finden. Für das Schaf ist Halm eben Halm.

Früher wurde die Düne noch maschinell gepflegt, heute geht man wieder zur natürlichen Pflege über. Allerdings gab es keinen anderen Schäfer, der sich zugetraut hat, in diese schwierige Gegend zwischen S-Bahn und Schnellstraße eine Herde zu führen, nun beweidet »mein« Schäfer die Düne von Dudenhofen. Auf der offenen Fläche stehen einige Eichen und Apfelbäume, die heruntergefallenen Eicheln und Äpfel sind wie ein Büfett für die Tiere.

Jahr für Jahr wächst die Sanddüne zu, die Schafe fressen dagegen an. Schafbeweidung bewirkt immer auch eine Veränderung der örtlichen Flora, in der Wolle und den Klauen tragen die Schafe Samen von anderen Weiden, anderen Orten mit sich. Sie trampeln den Boden fest, entfernen durch ihr Fressen Grasarten. Wenn die Herde also heute mit ihren Klauen wie eine trippelnde Walze über das Gelände läuft, dann ist das gut für den Insektenschutz.

Kemmy-Abby hat die Herde gut im Blick, während mir der Schäfer das alles erzählt. Brav und aufmerksam sitzt die Hündin neben uns, schaut abwechselnd nach links und rechts und besonders wach, wenn im 10-Minuten-Takt erneut eine S-Bahn vorbeirauscht. Dort, neben den Gleisen, wachsen besonders saftige Büsche durch einen Zaun. Zwei freche Ziegen zerren an den Blättern, bis sie widerwillig davon ablassen, weil die Hütehündin ihren Ausbruchversuch entdeckt hat und sie vom Radweg runter zurück zur Herde treibt.

Der Schäfer macht Nutztierhaltung und hat an dieser Gemarkung viel vom damaligen Fachdienst Umwelt des örtlichen Kreishauses gelernt. Über die Beschaffenheit des Bodens, das Wachstum der Flora, über Grundstücksgrenzen und Verantwortlichkeiten. Die Düne ist eines der ganz wenigen Biotope, das direkt an einen Siedlungsrand grenzt und steht somit auch für all die Herausforderungen, mit denen der Schäfer immer wieder fertig werden muss: Die Weidefläche befindet sich im Umfeld eines

Einkaufszentrums mit Parkplatz, S-Bahn-Schienen, einer Hunde-
auslauffläche und eben einer Schnellstraße.

Ich lasse den Blick schweifen, was für ein Risiko. Wenn hier
nur ein Herdentier Panik bekommt und ausbüxt, dann sind die
Bahnschienen eine unmittelbare Bedrohung, ebenso die große
Straße. Der Schäfer kann nicht immer vor Ort sein, daher hat er
einen Hänger in der Nähe der Weide deponiert, darin ein Eimer
mit Brot als Lockmittel, damit auch ein mitdenkender, wacher
Fremder zur Not die Tiere mit dem Rütteln des Eimers zurück
zur Herde locken kann. (Das ist übrigens auch ein Tipp, falls Sie
selbst jemals in eine solche Situation kommen – schauen sie nach,
ob Sie ein Lockmittel finden.)

Von der Düne fahren wir noch weiter, zu einem besonderen
Herzensprojekt von ihm, wie es der Schäfer nennt. Ich bin überrascht, bisher waren wir immer an nur einem Standort. Die Schafe
sind wieder in einem eingezäunten Teil der Düne, darauf steht ein
winterlich kahler Apfelbaum. Sie versammeln sich, wie abgesprochen, alle unter dem Baum und schauen uns gelassen hinterher,
wirken ruhig und satt. Kemmy-Abby sitzt schon im Kofferraum
in der Hundebox und wartet auf die Abfahrt. Ich laufe mit dem
GoogleMaps-Link auf dem Handy zu meinem Auto, das irgendwo
im angrenzenden Wohngebiet steht.

Als ich die Koordinaten eingebe und nach fünfzehnminütiger
Fahrt auf dem Gelände ankomme, sieht es aus wie im Nirgendwo
an einer Gleisanlage. Eine dieser Krimigegenden, wo einsame
Radfahrerinnen überfallen werden. Ich verriegele meine Türen.
Alleine würde ich hier im Dunkeln keinen Schritt gehen. Ich fahre
über Feldwege, immer an den Gleisen entlang und entdecke hinter
einer Kurve erleichtert das Kastenauto des Schäfers.

Er fummelt an einer Kamera herum, kein Schaf weit und breit,
dafür fünf Ziegen, die auf einem Haufen Steine herumklettern.
Ein Gebiet, etwa so groß wie vier Tennisplätze liegt vor mir. »Will-

kommen im Naturschutzgebiet der Mauereidechsen«, sagt der Schäfer. »Ich will Ihnen etwas Besonderes zeigen, denn meine Ziegen helfen anderen Tieren zu überleben, die Natur greift wie ein Rädchen ins andere. Die Echsen haben hier schöne großflächige Steine angelegt bekommen, damit sie sich sonnen können und ideale Überlebensbedingungen finden. Das Gebiet der Mauereidechsen ist mit einer dreißig Zentimeter hohen Plastikbordüre umrandet. Die Ziegenböcke haben hier die Aufgabe, um die Bäume herum alles abzufressen, die Brombeerhecken zurückzubeißen, das hochwachsende Grünzeug zwischen den Steinen abzugrasen. Die Flächen müssen auch hier offengehalten werden, nur dann können neue Pflanzen wachsen und die Mauereidechsen haben sonnige heiße Plätze auf den Steinflächen, das liebt die Art. Das ist wie im echten Leben, nur wenn man offenbleibt, dann begegnet man dem Neuen, dem anderen.«

Der Schäfer drückt mir eine kleine Heckenschere mit zwei Holzgriffen in die Hand und fragt, ob ich ihm helfen werde das Gelände zu pflegen, weil er im Herbst einfach nicht dazu gekommen ist. Ich soll entlang der äußeren Plastikabsperrung rund um das gesamte Gelände die langarmigen Brombeerverästelungen und Brennnesselbüsche zurückstutzen.

Ich hasse Brennnesseln. Gebückt schneide ich Meter um Meter frei. Ich fluche. Krieche weiter. Kratze mich. Werfe die abgetrennten Brennnesseln etwa zwei Meter entfernt auf die Weide. Zum Glück habe ich meine Arbeitshandschuhe dabei, aber meine Unterarme jucken wie verrückt. Nach der Hälfte der Strecke habe ich zum ersten Mal in all diesen Monaten wirklich keinen Bock mehr.

Diese winzige Schere macht mich aggressiv. Ich bin kurz davor sie meterweit auf die angrenzende Wiese zu schleudern. Die müsste echt mal geölt werden. Überhaupt, warum nehmen wir nicht so einen elektrischen Rasenkantenschneider, denke ich, als ich mich auf Knien durch besonders hohes Gras vorwärts arbeite. So viel zu meinem Lob auf das gute alte Werkzeug. Warum habe ich bloß Ja gesagt zu dieser nervigen Arbeit? Ich laufe immer weiter in das Naturschutzgebiet rein, Brombeerzweige zerren an meinen Hosenbeinen, als wollten sie mich piksend zwingen zu verweilen. Mit Schuhgröße einundvierzig trete ich eine Schneise durch das Gestrüpp außerhalb des Plastikschutzes. Ich könnte heulen vor Wut.

Der Schäfer werkelt unterdessen am Batterieblock für den Zaun und hängt auch noch eine Kamera auf. Keine Mauereidechse nirgends. Klar, es ist ja Winter, die pennen hier in ihrer Winterstarre unter irgendeinem Stein und lassen mich die Arbeit machen. Ausnahmsloser Rückzug auf der gesamten Fläche. Wenn ich mir hier schon Blasen an den Handinnenflächen schufte, könnte sich so eine Echse mal erbarmen und in ihrer ganzen Pracht präsentieren. Wie sehen die eigentlich aus? Muss ich später mal googeln.

Es beginnt zu nieseln. Ich bin richtig abgenervt, sage aber kein Wort, während mir die Mascara die Wange heruntertropft. Es regnet jetzt stärker und die Schere quietscht bei jeder Bewegung.

Die Ziegen bewegen sich läutend mit ihren Glocken langsam auf dem Gelände. Ich drehe durch, wenn ich im Süden im Hotelzimmer eine Echse sehe und hier mache ich ihren Hausputz. Warum höre ich nicht einfach auf, lege die Heckenschere hin und verabschiede mich. Der Tag hat doch so gut begonnen auf der Dudenhöfer Düne.

Ich weiß, dieses ganze Projekt ist freiwillig und ich habe mich darum beworben, aber heute würde ich gerne mal in den Arm genommen werden und gesagt bekommen, dass es gut ist, dass ich da bin. Auf dem Land muss die Arbeit gemacht werden. Die Arbeit steht immer im Vordergrund, nicht der Mensch, der sie verrichtet. Das kann manchmal auch ein bisschen kränkend sein, manchmal wünschte man sich mehr Applaus.

Na gut, denke ich, in meinem Berufsleben war ich lange genug Selbstständige. Da ging und geht es häufig eher darum, Fristen einzuhalten und Kund*innen zufriedenzustellen, Lob für den eigenen Einsatz gibt es da auch nicht immer. Außerdem bin ich Teil der Boomer-Generation. Wir waren immer zu viele, auf uns hatte keiner gewartet. Wer etwas erreichen wollte, musste sich oft durch besonderen Einsatz auszeichnen. Ja, ich kann das. Ja, ich bin da. Zuverlässig. So wie jetzt.

Inzwischen gießt es richtig, aber der Schäfer arbeitet immer noch an den Batterien und der Stromzufuhr und bleibt auch cool, als es anfängt zu schütten. Eigentlich arbeitet er sogar gerne im Regen, da sind weniger Menschen unterwegs, die Gesprächsbedarf haben und ihn ansprechen. Spaziergänger wollen ins Gespräch kommen, wir wollen fertig werden.

Meine Brille beschlägt unter der Regenkapuze, ich wische mir das Gesicht ab, ziehe dafür den Handschuh aus. Ich hebe den Kopf, breite die Arme aus, drehe mich auf einem Brennnesselbett, trampele es kreisend platt und tanze im Regen. Ich fange an zu singen, lache im Naturschutzgebiet den herunterfallenden Regentropfen entgegen und lasse für wenige Minuten die Schere los.

Sich zugewandt und positiv einlassen auf das, was das Leben dir gerade schenkt – und wenn es ein Platzregen ist.

Ich knie mich mit neuer Energie hin und mache den Job zu Ende. Wie kann ich aufgeben, wenn der Schäfer sich über Monate immer wieder bereit erklärt hat, sein langjähriges Wissen mit mir zu teilen. Zu Hause schmiere ich mir die Creme gegen Mückenstiche auf die juckenden Brennnesselstellen. Sie ist angenehm kühl und ich bin froh, etwas für die Mauereidechsen getan zu haben. Ein abwechslungsreicher Tag war das, und ich habe meinen inneren Heckenscheren-Schweinehund in die Knie gezwungen.

Vom Töten

ÜBER RESPEKT UND TIERWOHL
BEIM SCHLACHTEN

Ernähren Sie sich vegetarisch, vegan, oder essen Sie gerne Fleisch? Der Fleischkonsum in unserem Land verringert sich, Angebote im vegetarischen Bereich nehmen zu und mittlerweile auch mehr Platz in den Supermärkten ein.

Ich schiebe meinen Wagen durch die Regale meines Supermarktes, den Schal fest um den Hals geschlungen, und suche die Abteilung mit den Barbecuesaucen. Wir wollen heute Abend grillen. Etwas ungewöhnlich für den Dezemberanfang, aber die Kinder haben es sich gewünscht, als sie mich vor ein paar Tagen den Grill haben reinigen sehen. Ich habe im Kühlfach noch mariniertes Huhn und Bratwürstchen und selbst kein Problem damit, Fleisch zuzubereiten und zu verzehren, wenn ich weiß, es kommt aus keiner Massentierhaltung und hat nur kurze Transportwege hinter sich.

In den Schulen und Betrieben führen die Kantinen zunehmend Veggiegerichte und fleischlose Tage ein. Die Regale mit den veganen und vegetarischen Produkten nehmen mittlerweile selbstbewusst ganze Regalreihen ein. Vorbei die Zeiten, in denen alles in einer hintersten Ecke versteckt war.

Freunde, die zum Abendessen kommen, melden an, ob sie vegan bekocht werden wollen. Zu Hause essen wir alle vier zwar noch Fleisch, haben unseren Konsum aber mehr als halbiert. Auf die Schulbrote kommt kaum noch Aufschnitt, eher Frischkäseaufstrich oder Käse. Lieber weniger, dann aber gute regionale Qualität. Der Blick auf das Tierwohl ändert sich. Immer noch zu langsam, aber es gibt Veränderungen und einen Bewusstseinsprozess, Umgestaltungen, Alternativen in der Tierzucht.

Dass ich heute so viel über Fleisch und Tierhaltung nachdenke, ist eigentlich kein Wunder. Es liegt an meiner nächsten Verabredung mit dem Schäfer: Wir werden am kommenden Mittwoch einen Bock schlachten. Er hat mich ruhig und direkt gefragt, ob ich an einer Hausschlachtung teilnehmen möchte. Ich falle leider schnell in Ohnmacht, wenn ich frische Narben in Kliniken sehe oder tiefe Schnittwunden. Dennoch habe ich ohne Zögern zugesagt.

Zur Aufzucht und Pflege der Tiere gehört im Alltag des Schäfers auch das Schlachten. Nach einem Leben auf der Weide müssen einige seiner Tiere ihr Leben lassen, um verspeist zu werden. Wie so viele andere Tiere in Deutschland auch, bloß ging es den meisten von denen vorher nicht so gut. Ich bin ja nicht naiv, ich weiß, dass die Schlachtung Teil des Lebenskreislaufs ist.

Als wir abends beim Wintergrillen mit einigen Freunden und den Kindern das Thema anschneiden, bin ich erstaunt, dass keiner wie ich sofort zugesagt hätte. Ich will es erleben, ohne zu wissen, was mich genau erwartet. Ich will berichten können, wie ich mich dabei fühle. Ich war am Lebensanfang beteiligt und habe die Lämmchen auf der Weide erlebt, genauso gehört jetzt das Lebensende dazu. »Aber das niedliche Tier töten?!«, ist die Antwort der Freundin, die an diesem Abend nur die Bratkartoffeln und den Salat isst. »Dann hast du Blut an deinen Händen, Bärbel.«

Mache ich mich schuldig, wenn ich dabei zuschaue? Mache ich

mich schuldig, wenn das Tier sowieso getötet worden wäre? Im Gegensatz zu allen anderen Tieren, die wir sonst verspeisen, habe ich hier die Tiere über Monate begleitet, sicherlich wird es emotionaler werden, als wenn ich eine Lammschulter beim Schlachter bestelle.

Wann immer ich sonst mit Freunden ein Steak oder Hamburger essen war, haben wir auch nicht über die Herkunft, die Lebenswirklichkeit des verarbeiteten Tieres gesprochen. Über Jahrzehnte haben viele von uns Tieren weder Rechte noch artgerechte Lebensbedingungen zugesprochen und garantiert. Aber die meisten Menschen, mit denen ich vorab über meine Verabredung zum Schlachten gesprochen habe, waren sich zumindest in einem einig: dass sie selbst sich das nicht anschauen wollen.

Jetzt wird es also etwas blutig: Achtung an alle sensibleren Leser*innen.

Ich neige normalerweise nicht zu Aufregung, mein Blutdruck ist sehr niedrig. Heute ist es etwas anders. Ich weiß nicht genau, wie es passieren wird. Ich weiß nur, wir schlachten heute. Es heißt Schlachtung und nicht Tötung.

Im Hänger auf dem Hof steht ein schneeweißer Ziegenbock. Er kennt den Hänger und steht ganz vertrauensvoll da, während wir Vorbereitungen für die Hausschlachtung treffen. Das Fleisch darf dann nur die Familie des Schäfers verzehren, es ist selbstverständlich nicht für den Handel gedacht. Eine Schlachtung darf man nicht einfach so in einem Hinterhof, einer Wohnung oder auf dem Balkon durchführen, das ist illegal. Sie muss offiziell beim Veterinäramt angegeben und angemeldet werden.

Wir reinigen die Scheune, fegen und schrubben sie durch. Ziehen uns weiße, abwaschbare Schürzen an und waschen, desinfizieren uns die Hände. Die Fleischerhaken mit den motorbetriebenen Ketten werden noch vorbereitet, an denen hängen wir den Ziegenbock später auf.

Vor dem Kühlhaus, in der Hofküche, liegt das Bolzenschuss-gerät auf der metallischen Ablage. Dafür besitzt der Schäfer eine Genehmigung, eine Sachkundebescheinigung. Mit einem vorher absolvierten Kursus zum Schlachten von Schafen, Schweinen, Ziegen und Kaninchen. Das erfolgreiche Prüfungsergebnis braucht er, bevor er beim Veterinäramt die Genehmigung zum Schlachten beantragen kann. Das Magazin und weitere Munition liegen neben der Schusswaffe. Waffen sehe ich ja nur ganz selten, so gut wie nie und wenn ich ihnen nah bin, bereiten sie mir Angst. Ich darf diese auch nicht berühren, weil ich über keine Genehmigung verfüge. Zu gefährlich.

Der Schäfer lädt eine Patrone in das Magazin. Eine zweite Patrone zur Reserve. Das Viehschussgerät ist einsatzbereit. Die Betäubung liegt ebenfalls bereit. Die restliche Munition muss der Schäfer sofort in Sicherheit bringen, er darf keine Patronen herumliegen lassen, aus Sicherheitsgründen. Sollte hier aus Unacht-samkeit etwas Schlimmes passieren, fiele das unter das Waffen-recht. Ich gehe aus der Schusslinie, denn ich will nicht, dass der Schäfer mit dem Gesetz in Konflikt kommt. Trete zwei Meter zurück.

Es sind die letzten Minuten des Ziegenbocks. Das Kühlhaus surrt schon. Er hat Sonne, Wind und Regen gespürt. Er hat bei seiner Herde gelebt, draußen geschlafen, gefressen und Bocksprünge gemacht. Er heißt Flocke.

Ich bin wieder ganz ruhig, was mich selbst überrascht. Zum ersten Mal in meinem Leben werde ich bei einer Schlachtung dabei sein. Ich rette bei Regenwetter jeden Regenwurm, der sich über den Asphalt kämpft, begrabe aus dem Nest kopfüber gestürzte Vögelchen im nahegelegenen Gehölz. Erinnere mich noch an meinen Großvater, der uns immer von den geschlachteten Hühnern im Hinterhof erzählte, die dann noch wenige Sekunden kopflos auf dem Gartengrün herumrannten.

Liegt es am Schäfer, dass ich keine Unruhe verspüre? Ich weiß, dass der Schäfer nicht aus purer Lust schlachtet. Das der Tod auch Teil des Tierlebens ist. Bei ihm hatten alle Lebewesen ein gutes, erfülltes, abwechslungsreiches, artgerechtes Leben. Und ich habe keine Angst vor dem Tod, ich verdränge ihn nicht, ich stelle mich ihm und weiß, das Leben ist dünnwandig wie ein Schmetterlingsflügel. Jeder von uns kann täglich durch eine Unachtsamkeit, Übermut oder Unglück dem Tod gegenüberstehen.

Ich habe bei so vielen Gesprächen versucht, das Thema Trauer und Tod zu enttabuisieren, und dennoch ist es etwas Außergewöhnliches, gleich den Bock, der Flocke heißt, ein letztes Mal lebend zu berühren.

Der Schäfer erklärt mir die Details genau, nimmt mich verbal an die Hand. Jede seiner Handbewegungen ist ruhig, seit seiner Kindheit hat er selbst zugeschaut, kennt die Abläufe, die er inzwischen verinnerlicht hat. Vielleicht hat es mit dem Kreislauf der Landwirtschaft zu tun, dem ich in den vergangenen Monaten etwas nähergekommen bin?

Schweine, die in einem Transporter zum Schlachthof gefahren werden, riechen den Angstschweiß all der Schweine, die zuvor zum Schlachthof transportiert wurden. Das stresst die Tiere. Bei der Hausschlachtung ist es anders für unseren Ziegenbock. Er kommt von der Weide in den gewohnten Hänger und baut so keine Angst auf, obwohl er als Herdentier heute zum ersten Mal allein im Anhänger gefahren ist. Wir wissen, er wird gleich sterben, der Bock ahnt es nicht, sein zutrauliches Unwissen darüber berührt mich.

Während seiner Ausbildung, als er selbst noch nicht über so viel Erfahrung verfügte, hat der Schäfer oft noch ein zweites Schaf mitnehmen müssen, damit das erstere keinen Verdacht schöpft. Müsste er zu einem Schlachthof, wären diese letzten Minuten für den Ziegenbock viel dramatischer. Er träfe auf eine fremde Umgebung. Unbekanntes Terrain, der Schäfer würde ihn zurücklassen, die fehlende Nähe würde den Bock ängstigen. Hausschlachtungen sind besser für die Tiere und für den Schäfer. Dann passiert alles ganz schnell.

Wir gehen in den Innenhof, holen den Bock aus dem Hänger. Er blinzelt in die Sonne, der Schäfer nimmt ihn kurz am Gurt, packt den Kopf. Der Ziegenbock schaut zutraulich. Der Schäfer setzt das Bolzenschussgerät an der Stirn des Bocks auf. Zwei Sekunden passiert nichts.

Dann, ein dumpfer Knall. Zwischen die Augen. Stille. Kein Ton von Flocke. Ein schneller und präziser Halsschnitt. Der Kopf des Ziegenbocks ist etwas zurückgebogen, er liegt am Boden, blutet aus. Ich stehe daneben und schaue hin. Weine nicht, das wollte ich nicht, auf keinen Fall jetzt weinen vor dem Schäfer. Ich verabschiede das Tier, aber ich wollte nicht vor dem Tierwirt Tränen vergießen.

Ich gucke mir sein Sterben an. Es zappelt. Als würde es träumend im Schlaf die Beine bewegen. Dabei rutscht Flocke immer näher an mich heran. Die letzten Nervenzuckungen und seine Klauen berühren meine Gummistiefel. Schlagen mit einem dumpfen Geräusch an die Schuhe. Einmal. Noch einmal. Langsam steigen mir doch die Tränen auf. Dann liegt er ruhig da. Der Schäfer drückt mir den Wasserschlauch in die Hand. Ich spüle das Blut weg, es trocknet schnell fest. Es ist ein intensives Rot.

Zuerst trennt der Schäfer den Kopf vom Ziegenbock. Er wird in der Waschküche gereinigt, am Haken aufgehängt für die Fleischbeschau. Danach schneidet er dem Tier die Füße ab und legt sie in die Schubkarre. Ich schaue auf vier Füße, ich atme ruhig. Weder würge ich, noch übergebe ich mich. Der Schäfer hängt den Rumpf des Bockes an den Achillessehnen auf und zieht das Tier auf unsere Augenhöhe hoch. Die Kette schnurrt, Flocke fährt höher und höher.

Ich spüle weiterhin das Blut weg. Der Körper des Ziegenbocks strahlt Wärme ab. Der Schäfer macht Schnitte mit dem Messer an den Unterschenkeln und wir ziehen ihm langsam das warme Fell ab. Auch ich. Zentimeter um Zentimeter. Ich drücke meine Hände zwischen Fell und Haut. Mit meinem ganzen Körpergewicht hänge ich mich an das Fell, ziehe daran. Ich ziehe Flocke Zentimeter um Zentimeter das Ziegenfell vom Leib. Es löst sich langsam schmatzend von den Schenkeln, der Schulter und dem Rücken. Als das schneeweiße Fell komplett gelöst vor uns liegt, spannt es der Schäfer über einen Rahmen. Es wird gesalzen und getrocknet. Salzgegerbt, damit es nicht verdirbt. Wenn es gut getrocknet ist, kommt es in die Gerberei, dort wird es waschbar gegerbt. Vor sechzig Minuten stand die Ziege noch im Hänger, jetzt spannt ihr Fell im Stall über einer Holzpalette.

Der Bauch des Bockes wird mit einem sauberen Schnitt geöffnet. Die Gedärme, in denen noch Restkötel liegen, kommen zum Vorschein. Ich sehe den kleinen Schlund, in den die Nahrung hineingeht, kann ganz genau den Dünndarm und den Dickdarm erkennen, den Mastdarm und den Enddarm. Die Nieren, das Herz. Ich sehe den After, wo alle Reste auf der Weide entsorgt werden. Als hingen die gesamten Innereien wie an einer Perlenschnur. Es ist faszinierend, zu sehen, wie fantastisch Körper sind. Ich erkenne bei unserem Ziegenböckchen den Pansen.

Schweine werden noch warm zerlegt, denn Schweinefleisch ist schnell verderblich. Wir lassen alles ausbluten und hängen den Bock in das Kühlhaus. Erst muss die Fleischbeschau durch das Veterinäramt erfolgen, dass kann zwei bis vier Tage dauern, dann darf der Schäfer den Ziegenbock zerlegen. Da es in unserer hessischen Region nur noch ganz selten Hausschlachtungen gibt, hat in unserem Fall die Amtstierärztin die Fleischbeschau übernommen. Wenn der Bock gut abgegangen ist, kann man ihn leichter zerlegen, leichter entbeinen. Der Schäfer und ich sind vier Tage später dazu verabredet.

Der Rumpf, der Kopf, die Innereien, verteilt auf drei Haken hängt das Fleisch jetzt im Kühlhaus. Gulasch, Filets, Schnitzel, Rippchen, das war Flocke.

Ich lege die Schürze ab, wasche mir die Hände in der Hofküche, desinfiziere sie und verabschiede mich. Im Auto lege ich den Kopf zurück. Lege vorsichtig meine Hand an meine Kehle. Ein lautloser Schnitt war es nur, der den Bock die Trennlinie zwischen Leben und Tod hat überschreiten lassen.

Zu Hause nehme ich eine Flasche Wasser aus dem Kühlschrank. Die Putenwürstchen kann ich heute nicht mehr essen. Ich sehe nicht mehr nur das zerlegte Produkt vom Metzger, ich sehe jetzt das ganze Tier daran hängen. Wie ein Film, der rückwärts läuft. Mein Magen sendet mir das Signal, erst mal kein Fleisch mehr zu essen. Interessanterweise wird mir erst zu Hause bewusst, was ich da heute gesehen und erlebt habe. Ohne Filter, ganz nah dran.

Ein uraltes Ritual, wie ein Mensch ein Tier zerlegt. Keine Schweinehälften aus der Massentierhaltung, die am Fließband an dir vorbeirauschen und zersägt werden.

Ich finde: Es wäre ungemein wichtig, dass wir wissen, ob das Tier, das wir essen wollen, ein gutes Aufwachsen gemeinsam mit dem Muttertier genießen konnte, innerhalb einer Herde leben und etwas lernen durfte, um dann respektvoll geschlachtet zu werden, wenn es das entsprechende Lebensalter erreicht hat.

Der Akt des Schlachtens selbst war so schnell vorbei, doch er hat lange nachgewirkt. Seit diesem Tag esse ich Fleisch noch bewusster, an besonderen Festtagen, zu speziellen Anlässen und ganz seltenen Gelegenheiten. Wir sind dazu verpflichtet, unseren Mitgeschöpfen ausreichend Respekt zu zollen, ihre Stimme zu sein, wenn sie sich nicht mitteilen können. Lamm- oder Ziegenfleisch konnte ich seit der Schlachtung nicht mehr essen.

Epilog
DAS JAHR GEHT ZU ENDE

Der Jahreswechsel steht an. Auch ich bin bereit, meine Arbeit mal Arbeit sein zu lassen und die Stille der Feiertage zu genießen. Zuvor, kurz vor den jüdischen und christlichen hohen Feiertagen, treffe ich noch einmal den Schäfer. Es ist Samstagmorgen, eiskalt und der Schäfer ist krank.

Er ist fiebrig und hat eine Mittelohrentzündung. Aber er ist trotz der Schmerzen da, für seine Herde. Er spricht sowieso wenig und nun kaum noch und wenn, dann mit leiser Stimme. Ein kurzes Nicken auf die Entfernung, kein Handschlag, die Handschuhe überstreifen und die obligatorische Frage: Was ist zu tun? Der Jungschäfer und ich übernehmen heute das Tragen und Schleppen. Wir stellen den Zaun an einem kleinen Seitenarm der Rodau auf und machen heute kaum Witze, wir arbeiten zügig und wollen dem Schäfer nicht auf die Nerven gehen.

Los geht es. Den Abhang hinunter mit den schweren Rollen Zaun. Nicht abrutschen, bloß nicht hinfallen. Jeder Handgriff sitzt bei mir. Ohne viele Worte handeln wir, ein Nicken, ein Handzeichen, kaum mehr. Ich halte die Zäune auf meinen Unterarmen, der Jungschäfer setzt die Pfähle. Wir sind ungewohnt schweigsam. Bei mir liegt es auch an dem beginnenden Abschiedsschmerz.

Bald werde ich mich trennen müssen von der Weide, von Vater und Sohn. Von den Tieren und den Geräuschen und Gerüchen der Natur. Dem Vogelgesang, dem Blöcken der Schafe und dem Duft der Wiesen.

Er schleicht sich an, der Abschiedsschmerz. Jetzt, wo ich so vieles schon kann, wird es Zeit zu gehen, ausgerechnet jetzt. Vor diesem Moment hatte ich wochenlang Angst. Wir haben gemeinsam Disteln gestochen, die Herde umgekoppelt, Brachland von Totholz befreit, die Ohrmarken bei den Schafen kontrolliert. Gemeinsam Zäune aufgebaut und abgebaut, auseinander- und zusammengerollt. Nichts ist uns richtig aus dem Ruder gelaufen, wir sind ein eingespieltes Team geworden.

Wir sind fast fertig mit dem Setzen des neuen Zauns. Hier wird die Herde über Silvester sein. Nicht so nah an der Wohngegend, damit der Böllerlärm sie nicht ängstigt.

Am Flussufer haben sich Nutrias zahlreiche Gänge gebaut, die Erde dort ist aufgewühlt und locker. An einigen Abschnitten bricht das Ufer bereits weg, als hätten sich die wasserliebenden Tiere hier einen Nutria-Sandkasten präpariert. Sie untergraben den Weiderand, der Zaun steht in diesem Nutria-Sandkasten dann nicht mehr sicher. Wir setzen ihn tiefer in die Weide rein. Wir stapfen weiter und weiter durch das gefrorene Gras, es raschelt wie ein Berg Altpapier. Heute ist viel Laufarbeit, so wird es uns nicht kalt.

Schafe halten im Winter die Kälte erstaunlich gut aus. Ihre Wolle schützt sie, sie kuscheln sich aneinander und wärmen sich gegenseitig.

Nach getaner Arbeit werde ich melancholisch. Das Jahr ist um. Wir lehnen alle Drei am Anhänger und fragen uns gegenseitig nach Vorsätzen und Wünschen für das kommende Jahr.

Rückblickend war es für den Schäfer kein besonders außergewöhnliches Jahr. Viel Routinearbeiten, nur die Trockenheit des Sommers war unangenehm, nicht normal in seinen Augen. Er musste den richtigen Beweidungszeitpunkt im Auge behalten, den Wassertank viel öfter als sonst befüllen, damit es seinen Tieren gut ging. Er lässt seinen Blick über die Weide schweifen. Die Augenblicke, Tage, Wochen und Monate greifen wie winzige Lebensrädchen ineinander. Ihm fällt es schwer, einzelne Leuchttürme im alltäglichen Schaffen zu benennen. Verdammt viel Heu hat sich in den Sommermonaten in der Scheune gestapelt.

Und dann legt er seine Hand auf die Schultern des Jungschäfers und sagt: »Mein Sohn hat vor einigen Monaten eher beiläufig erwähnt, dass er sich ein Leben ohne Schafe gar nicht mehr vorstellen könnte. Dieser Satz von ihm hat mich sehr berührt. Er denkt zuverlässig mit, er packt mit an. Vielleicht wird er sogar mal den Betrieb übernehmen, er ist ja ein Draußenjunge, das würde mich schon sehr glücklich stimmen.« Er hustet und nimmt die Stofftasche mit den Warnschildern, um sie am Zaun aufzuhängen.

Wir teilen uns links- und rechtsseitig auf und knoten die »Füttern verboten«- und »Achtung Strom«-Schilder am Zaun fest. Als wir uns am Hänger wiedertreffen, erwähnt er noch den Schmerz über den Verlust eines Schafes beim Scheren aus dem Vorjahr. Am Schurtag ist es an den zahlreichen Schnitten des Scherers verblutet, weil der Scherer leider viel zu hektisch und unachtsam mit dem Schermesser gearbeitet hat. Sein Tier nicht beschützt zu haben, setzt ihm zu. Die Wunden des Schafes hörten nicht auf zu bluten, eine Stelle hatte sich dann entzündet und er musste sich vom Tier verabschieden. »Das macht mich noch immer traurig«, sagt er und dreht sich zur Seite.

Später nehmen wir uns zum Abschied fest in den Arm. Mal sehen, was für uns alle das kommende Jahr bereithält.

Ich bin in die Stille gegangen. Habe mich nach Entschleunigung und einer Auszeit vom medialen Alltag gesehnt. Ich wollte die Sonne durch das Blätterdach funkeln sehen und auf dem weichen Waldboden einen Fuß vor den anderen setzen. Der Wunsch,

Kraft und Energie zu tanken, Ruhe zu finden war ein Auslöser für meine Reise zu den Schafen. Aber ich wollte auch erleben, wie es um unseren Landschaftsschutz in einer so herausfordernden und sich stetig verändernden Region wie dem Rhein-Main Gebiet steht.

Jeder Samstag auf der Weide war tatsächlich magisch für mich, oft überraschend und wirklich immer eine Bereicherung. Ich habe die Weide jedes Mal klüger verlassen. Wir Menschen halten uns oft für so schlau und überlegen, aber auch andere Lebewesen empfinden tiefe Gefühle, pflegen Gemeinschaft und treffen bewusste Entscheidungen.

Eine Gruppe von Schafen ist feinfühlig und eng miteinander verbunden. Ein Schaf hat meist zwei, drei seiner Artgenossen im Blick. Ich muss immer daran denken, wie ein Schaf unbeirrbar bei seinem Artgenossen blieb, der sich im Zaun verhakt hatte, auch als der Rest der Herde schon weitergezogen war.

In einer Herde gibt es ein komplexes Beziehungssystem, abhängig von den individuellen Persönlichkeiten der einzelnen Tiere. Ihren Freunden zuliebe sind sie sogar bereit, auf bessere Nahrung zu verzichten. Lieber trockeneres Gras als zu weit entfernt von den Liebsten. Schafe können vertrauen, ihren Mitschafen und dem Schäfer. Auch sind ihre Familienbande eng, besonders die der Lämmer und ihrer Mütter. Bereits wenige Stunden nach der Geburt erkennen die Lämmer ihre Mütter am Aussehen und an der Stimme.

Schafe sind friedliebend und schlau, sie entwickeln Strategien und haben ein erstaunliches Gedächtnis. Sie können sich die Gesichter von Menschen und von bis zu fünfzig anderen Schafen merken. Sie können Farben unterscheiden und sich zuvor getroffene Entscheidungen über mehrere Wochen merken – letzteres gelingt ja nicht einmal jedem Menschen. Oft entwickeln sie Werte, die auch vielen von uns wichtig sind: Nähe und Vertrauen.

All das habe ich über die Schafe gelernt, aber ich habe auch viel über mich selbst erfahren. Nach diesem Jahr bin ich natürlich noch dieselbe und doch bin ich nach all den Erfahrungen, Begegnungen und Erlebnissen eine andere. Mir ist noch mal bewusster geworden, dass Dinge ihre Zeit brauchen, dass ich nichts erzwingen kann. Geduld und Erfahrung tragen einen gut durch das Leben. So bin ich nach diesem Jahr auch geduldiger mit mir selbst und habe mir vorgenommen, mir mehr Zeiten zum Schauen und Loslassen im vollen Kalender einzuräumen. Ich will in hektischen Zeiten der Langsamkeit die Tür aufhalten und ab und zu den Schneckengang erproben, um all die kleinen und großen Wunder und Schönheiten am Wegesrand zu entdecken und zu feiern.

Jeder Jetzt-Moment ist so unendlich kostbar.

Nie werde ich die Momente vergessen, in denen ich still am Rand der Weide saß und einfach nur meinen Blick schweifen lies. Bis die Herde sich mir zaghaft näherte. Das Läuten ihrer Glöckchen nah am Ohr, ihr Geruch nach fettiger Schafwolle, ihr Atem und Kauen so nah zu spüren.

In diesen Momenten wurde mir schmerzlich bewusst, wie fragil unsere Ökosysteme sind und wie gedankenlos und gierig wir mit ihnen umgehen. Wir vernichten Naturlandschaften, roden sie, beuten sie aus, verletzen, betonieren und vermüllen sie. Und dennoch nimmt uns die Natur immer und immer wieder auf.

Wir haben schon so viele Chancen verspielt, seien wir achtsam für die noch verbleibenden. Ich denke an das tägliche Bemühen des Schäfers, keine weiteren Wunden zu schlagen, an seinen verantwortungsvollen Umgang mit der Natur. Ich habe einen so tiefen Respekt vor seinem tagtäglichen Schaffen entwickelt.

Ohne zu Jammern oder zu Nörgeln ist er immer für die Herde da. Er dient ihr mit seiner Fachkenntnis, für sein Einkommen, richtig, aber auch zum Wohle der Tiere. Er hat kaum Flexibilität in seinen Zeitfenstern. Im Sommer müssen die Tätigkeiten erledigt werden, die eben im Sommer anfallen, sonst hat es Konsequenzen für den Vorrat im Winter. Die Freiheit der Zeit, etwas was ich für meine kreative Arbeit oft brauche, hat er nicht.

Ich frage mich, was mir sonst noch von diesem Jahr bleiben wird. Bald werde ich nur noch jedes zweite, dann jedes dritte Wochenende auf der Weide stehen. Seit Wochen und Monaten hatte ich kein freies Wochenende, aber selbst die bockigsten aller Bocksprünge der Schafe werde ich zutiefst vermissen. Ich werde meine Schafliebe sukzessive runterfahren, wenn ich mich nicht doch noch entscheiden sollte, eine Schaffarm in Neuseeland zu übernehmen.

Nicht alle Details und Erlebnisse konnte ich notieren, festhalten, aber vieles wird in meinem Herzen still weiterglühen. Für mich war es kein Jahr wie die anderen, ich habe Neuland betreten, mich auf die Reise gemacht. Es war eine Art Mikroabenteuer ich wollte Neues entdecken, sowohl in meiner Umgebung als auch in mir selbst, mich in anderen Zusammenhängen erleben und dazulernen. Das wünsche ich allen Kindern, Jugendlichen und Erwachsenen, legt das Handy endlich weg. Hebt eure Köpfe wieder, lasst euch nicht einlullen, erlebt selbst diese echte, reichhaltige und aufregende Welt. Geht raus in die Natur, riecht den Wald, fühlt die Wiesen und die Temperaturen der Seen und Bäche. Entdeckt eure Umgebung, stellt Fragen, seid neugierig. Tragt Gummistiefel!

Macht, wie ich, eine Reise zu unbekanntem Terrain. Ich habe unbekanntes Land direkt vor meiner Haustür gefunden.

Die landwirtschaftlichen Regionen im Rhein-Main-Gebiet sind selbstverständlich kein Rückzugsort für geräuschempfindliche Städter*innen, sie sind Anbaugebiet, Naturschutzregion und Nutzfläche. Aber auch unsere Wälder können Wildnis sein, mit eigenen Regeln und so atemberaubender Artenvielfalt, dass am Wegesrand immer eine Überraschung herumläuft, wie die Mauereidechse.

Dass Naturlandschaften unser größter Schatz sind, das habe ich gelernt. Nicht nur unsere Wälder befinden sich im Wandel und müssen vielerorts zu ihren Ursprüngen zurück. Wenn wir dieses artenreiche Glück noch lange für nachfolgende Generationen erhalten wollen, müssen wir es schützen.

Die Zeiten, als unsere Wintermäntel ewig an den Garderoben hingen, sind vorbei, die Zeiten, in denen sich ein flüchtiger Sommer durch unser Land schlich, auch. Die Temperaturen steigen, Wasser wird kostbar. Aus Teichen werden Tümpel, weil kein Regen fällt. Fische sterben an Sauerstoffmangel, Gletscher schmelzen. Und wir fragen uns bang, ob sich der Grundwasserspiegel wieder erholen wird, wir eine Wasserstrategie für unsere ländlichen Regionen und begrünende Konzepte für unsere Innenstädte haben, wenn klimatische Veränderungen uns weiter einholen.

Wer es bis jetzt noch nicht bemerkt hat: Es besteht dringender Handlungsbedarf. Die *Fridays-for-Future*-Bewegung führt es uns immer wieder vor Augen, *Die letzte Generation* macht das noch provokanter, doch im Endeffekt sagt auch der Schäfer nichts anderes. Wetterkarten zeigen uns tieforange gefärbte Regionen, heiß, heißer am heißesten, mit Temperaturen, die es seit der Wetteraufzeichnung in diesen Höhen nicht gegeben hat. Jetzt hätten wir gerade noch die Chance, etwas zu verändern, bevor das Klima komplett kippt. Noch könnte die Natur gesunden, sich Luft- und Wasserqualität verbessern.

Doch seien wir ehrlich, ich habe dieses Experiment ja nicht nur wegen unserer Umwelt, sondern zunächst einmal für mich gemacht. Dieses Jahr war für mich eine kleine Flucht aus den Wochenend-Familienverpflichtungen, das Anfeuern bei den wöchentlichen Sportveranstaltungen, dem Wochenendeinkauf. Natürlich um dann wiederum beim Schäfer anderen Verpflichtungen nachzugehen, aber eben außerhalb meiner Routine und Komfortzone. Ich wollte raus aus der Stadt, weg von querstehenden E-Scooter auf Innenstadt-Bürgersteigen, lautem Hupen an mehrspurigen Straßenkreuzungen und vollen U-Bahnen im Berufsverkehr.

In der Großstadt einen stillen Ort zu finden, ist gar nicht so leicht. Weder im Kaufhaus, wo wir permanent mit Musik beschallt werden, in sommerlichen Parkanlagen, wo auch immer eine Musikbox dröhnt, noch in voll besetzten Zügen, wo Mitmenschen stundenlang so lautstark durchtelefonieren, dass man keinen eigenen Gedanken fassen kann. Kaum die Landschaft vor dem Zugfenster wahrnimmt. Vielleicht ist es auch naiv, in Ballungsgebieten nach menschenleeren Orten zu suchen. Doch ich wollte sie finden und habe mich auf die Suche begeben. Am Ziel bin ich reichhaltig beschenkt worden.

Ein Leben mit weniger Lärm, mehr Abgeschiedenheit, entschleunigt und ruhig, ist möglich. Das Rauschen des Verkehrslärms gegen das Rauschen der Baumkronen einzutauschen, lohnt sich. So habe ich meine innere Ruhe wiedergefunden und meine innere Stimme gestärkt. Glaubt mir, das Glück liegt nicht nur in digitalen Tools und Gadgets. Macht euch schmutzig, fasst Baumrinden an, strengt euch an, sägt und schleppt, arbeitet in der Natur. Unsere Fixierung auf Technologie, besonders in meinem Beruf, braucht ab und zu eine Auszeit. Das wirkliche Leben findet woanders statt, nicht nur auf mobilen Endgeräten.

Ach ja, und dann habe ich den Schäfer bei einem unserer letzten Treffen noch gefragt, wie er mich denn als Stadtkind erlebt hat? Nervig, anpackend, gar anstrengend?

Er antwortete mit einer Gegenfrage: »Frau Schäfer, machen Sie jetzt Selbstcoaching? Ich war positiv überrascht von Ihnen und es war sehr, sehr schön, endlich mal jemand bei uns zu haben, der keinen therapeutischen Bedarf hatte. Außerdem bin ich von Ihrer Lernfähigkeit begeistert. Sie konnten schnell Aufgaben erledigen, nachdem wir Ihnen gezeigt haben, wie es geht. Das gibt es auch selten.« Ich werde ihm immer dankbar sein für diese gemeinsamen schafigen Zeiten.

Der Schäfer erreicht so viel in seinem Mikrokosmos. Er handelt und spricht nicht dauernd drüber. Er übernimmt Verantwortung für seine Tiere und die Natur. Er hat mich nicht belehrt, aber an seinen Erfahrungen teilhaben lassen. Diese teilnehmende Beobachtung, der direkte Kontakt mit den Tieren und das ungeschützte, direkte Erleben der Jahreszeiten hat mich eine wichtige Lektion gelehrt: Wenn wir aber alle nachhaltiger, liebevoller, rücksichtsvoller mit der Natur umgehen, unsere Entscheidungen achtsamer treffen würden – ob beim Einkaufen, unserem Konsumverhalten, unserer Mobilität oder Art zu Reisen – könnten wir viel im Kleinen und auf lange Sicht etwas im Großen verändern.

Quellenangaben

Ruth Häckh: Eine für alle. Mein Leben als Schäferin, Ludwig Verlag in der Verlagsgruppe Penguin Random House 2018

James Rebanks: Mein Leben als Schäfer. Aus dem Engl. übers. von Maria Andreas, Penguin Verlag in der Verlagsgruppe Penguin Random House 2017

Cato: De agri cultura. Über die Landwirtschaft. Aus dem Lat. übers. von Hartmut Froesch, Reclam Verlag 2009

Dank

Mein Dank gilt vor allem und an allererster Stelle dem außerordentlichen, warmherzigen und vertrauensvollen Einsatz des Schäfers und Jungschäfers. Ihr habt mich berührt, verändert und nach kurzem Nachdenken euch auf mich, die Städterin eingelassen. Sie haben mir ihre schafige Welt gezeigt und ich hoffe ich habe sie mit meiner Unterstützung in den vergangenen Monaten nicht enttäuscht. Ich danke den Schäfern aus dem Westerwald Andreas Schneider und Timm Freymann, dass sie mir einen Einblick in ihren Alltag mit sehr großen Herden gegeben haben.

Dank geht raus an meine wunderbare Lektorin Julia Sterthoff, der kaum ein Detail entgeht, auch diese Zusammenarbeit war wieder bereichernd für mich. Ebenso Dank an Nina Sillem, meiner Agentin, du motiviert, schiebst an und richtest mich bei Durchhängern auf. Danke von ganzem Herzen an meine Interviewpartner*innen Markus Metzger und Leonhardt Koser, Lioba Justen, Annette von Pappenheim, Bianca Junker, Erwin Germscheid von www.germscheid-concept.de und Rudolf Keil für ihre Zeit, Offenheit und Bereitschaft mitzumachen, sich auf meine Fragen und Neugier einzulassen.

Meinen Freundinnen Susanne Fröhlich und Constanze Kleist für die Hilfe bei der Titelfindung und die Schafezeichnung. Lachen, Nachfragen und Mitfiebern beim Entstehen dieses Buches gilt auch und besonders für Monika Martino, meine Erstleserin, sowie für Eva Clotten und Dinesh Chenchanna, danke für unsere Spaziergänge im Quadrat.

Dank an meine Mutter Anne, die während des Schreibprozesses immer wieder Hunderunden mit unserem Familienhund Snoopy gedreht hat. Dank an Karin Winning, Kai Köster und Heinz Schiedemann für das Vermitteln ihrer Schafkontakte.

Nichts als Liebe für meine beiden Söhne und den wunderbarsten Ehemann der Welt für die Begleitung bei allen großen und kleinen Schreibschritten. Auch dafür, dass ihr so viele Samstage ohne mich verbracht habt. Einen dicken Kuss an euch drei und eine unendliche Umarmung für das große Glück, das Leben mit euch teilen zu dürfen. Eine Extrastreicheleinheit und Danke von Herzen an jedes einzelne Schaf.